발길 따라
세계문화여행
김 재 관 지음

발길 따라 세계문화여행

이탈리아 베니스의 성마르코성당

이탈리아 로마 천사의 성(일명 성 산타젤로성)

그리스신화에 등장하는 헤라클레스

◁베네치아의 콘도라

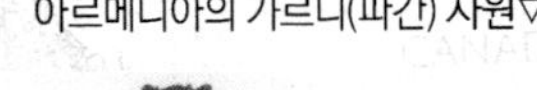

아르메니아의 가르니(파칸) 사원▽

베네치아를 향하는 선상에서

이탈리아 베네치아의 콘도라

고대 로마의 콜로세움

그루지아의 스베티치호벨리성당

발길 따라 세계문화여행

이탈리아 피렌체에서
휴식을 취하고 있는 저자

르네상스의 요람인 이탈리아 피렌체

스페인 안달루시아 야생 양귀비 꽃밭에서

아제르바이젠 고부스탄 2만년전의 암각화 및 비문

아제르바이젠 바쿠의마르티르스라네

아제르바이젠 바쿠의 시니크 콸라 미나렛

발길 따라 세계문화여행

고대 로마의 티투스 개선문

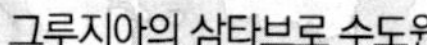

그루지아의 삼타브로 수도원

고대 로마의 포로로마노에서 저자

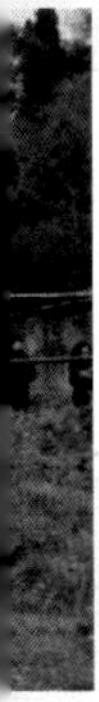

고대 로마의 공회장

아르메니아의 어머니상이 서있는 빅토리아공원

고대 로마의 시투르누스 신전

고대로마의 콘스탄티누스 개선문

발길 따라 세계문화여행

카스케이트(아르메니아의 정부 창립기념비)

코카사스지역의 표준정교회사원

그루지아의 고리에 있는 스탈린 박물관에 소장되어 있는 스탈린 초상화

고대 중국 구차 왕국의 옛수도 수바시고성에서

발길 따라 세계문화여행

| 김재관 지음 |

책머리에

감정평가사라는 전문 직업을 가지면서 1978년부터 지금까지 160여 개국을 여행한 여행작가다. 그냥 여행이 좋아서 세계 각지를 시간나는대로 돌아다니면서 틈틈이 정리한 기행문과 각종 잡지에 기고한 글을 토대로 일반사람들에게 조금은 낯설다고 할까? 여행이 쉽지 않은 인류문화유산이라고 할 수 있는 곳을 집중 선별, 지난번의 '틈나는대로 세계여행'에 이어 두번째로 '발길따라 세계문화여행'이라는 이름으로 한 권의 책을 엮었다.

여행을 시작한지도 30여 년이 지났다. 주변의 권유도 있고 하여 첫번째 정리한 것이 '틈나는대로 세계여행'이었고 두번째가 '발길따라 세계문화여행'이라는 제목으로 보관하고 있던 자료들을 발췌하여 정리한 것이다.

누구나가 쉽게 알 수 있도록 여행지를 소개하되 지나치게 전문적인 내용들은 가급적 제외하였다.

끝으로 필자의 원고를 멋있게 꾸며주신 출판사 사장님과 실무처리를 마무리 해주신 황진숙 실장님과 김애희씨를 비롯한 직원 여러분들께 감사의 말씀을 전한다. 그리고 30년 이상의 세계여행을 두고 불평없이 내조를 해준 아내 하남연을 비롯하여 장남 중국, 딸 현영, 막내 정상에게도 고마움을 전한다.

감정평가사
여행작가 김재판

발길 따라 세계문화여행

Contents

만리장성
콜로세움
타지마할
마추피추

첫번째이야기 |

新세계 7대불가사의 문화탐방기

치첸이트사

페트라

브라질의 거대 그리스도상

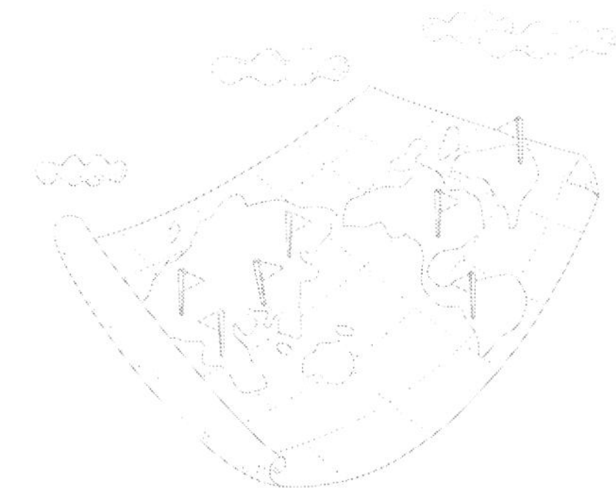

새로운 '신세계 7대 불가사의'를 돌아보다

사실 필자는 스위스 출신 영화제작사 베르나 베버가 세운 민간단체 '뉴7원더스' 재단이 1999년부터 전화와 인터넷투표로 '새 세계 7대 불가사의'를 뽑는 사업을 진행하여 그 결과 200여개 문화유산 중 1차로 21개를 선정 하였고, 이중에서 가장 많은 표를 획득한 7개를 2007.7.9 리스본(포르투갈의 수도)에서 축하행사와 함께 발표한 것으로 알고 있다. '새7대 불가사의' 로는 중국 만리장성, 이탈리아 로마의 콜로세움, 인도의 타지마할, 페루의 잉카유적지 마추피추, 브라질 리우데자네이루의 그리스도 상, 멕시코 치첸이트사의 마야 유적지, 요르단 고대도시 페트라가 선정됐다.

21세기에 지구촌이 전화와 인터넷으로 새 7대 불가사의를 새로이 선정한다는 취지는 독특하지만 진짜 세계 문화유산을 선정하는 유네스코는 장사속이 보이고 객관성이 모자란 다는 것이 시빗거리로 지적되고 있다는 것이 언론의 보도이고 본 필자만 하더라도 인터넷과 전화상으로 5번의 중복투표가 가능했음을 고백하는 바이고, 중복투표는 피할 길이 없는 것으로 알고 있다. 필자는 7대불가사의인 바빌론의 공중정원, 에페소스의 아르테미스신전, 올림피아의 제우스신전, 할리카르나소스의 마우소레움, 로도스 섬의 청동거상, 알렉산드리아의 파로스등대, 이집트 기자의 피라미드를 모두 탐방하였으나 이집트 기자의 피라미드를 제외하고는 지구상에 존재하지 않고 흔적만 남아 있는 것을 확인 하였다.

이는 비잔틴의 필론아라는 저자가 쓴 세계 7대 불가사의라는 글이 발견되었기 때문이다. 세계가 하나의 지구촌으로 형성되기 전 지중해 중심(코카소이드, 즉 백인이 활동하던 에어리아)만을 보고 집필한 것이므로 진정한 의미에서 세계 7대 불가사의라고 말할 수 없다. 새 세계 7대 불가사의도 이미 15년 전에부터 근간까지 몇 차례 탐방을 끝낸 바 있어 필자의 주관적인 판단인줄 모르지만 브라질의 리우데자네이루 그리스도 상 대신에 캄보디아의 앙코르와트를 이탈리아의 콜로세움 대신에 중국의 진시황릉으로 대체하였으면 하는 생각이 들기도 했다. 새7대 불가사의는 중국의 만리장성부터 투어와 함께 그 개요를 정리하여 보고자 한다. 이 기행문의 면적(숫자)년대 표시등은 브리테니커 백과사전을 상당부문 인용하였음을 밝혀둔다.

우리와 가장 가까운 **중국의 만리장성**

만리장성은 중국 역대 왕조가 변경을 외침으로부터 지키기 위해 건설한 큰 성벽이다. 보하이만에서 중앙아시아까지 대략 6,400km(중간의 가지 포함)에 걸쳐 동서로 뻗어 있다. 지금 실재하고 있는 만리장성은 명나라 때 그 후기에 건설된 것으로 동쪽은 보하이만 연안의 산하이만부터 중국대륙 북변을 서쪽으로 향하여 베이징과 다퉁의 북방을 경유하고 남쪽으로 흐르는 황허강을 건너며, 산시성의 북단을 남서로 뚫고 나와 다시 황허강을 건너고, 실크로드 전구간의 북측을 북서쪽으로 뻗어 자위관에 이른다.

총길이는 2,700km로 인류역사상 최대의 토목공사로 알려지고 있다. 베이징의 북서쪽 바다 링에서 쥐융관을 경유하여 다퉁의 남쪽 안면관까지는 이중으로 축조되어 있는데, 2,700km가 전부 같은 구조로 되어 있는 것은 아니다. 산하이 관부터 황허강까지는 대단히 튼튼하게 축조되었다. 성의 바깥은 구워 만든 회색의 기와로 덮여있다. 바다링 부근

은 높이 약 9m, 너비는 위가 4.5m 아래가 9m 정도이고 총안이 뚫려 있는 톱날모양의 낮은 성벽이 위쪽에 설치되어 있고 100m 간격으로 돈대가 설치되어 있다. 이에 비해 황허강 서쪽 부분은 전을 사용하지 않고 햇빛에 말린 벽돌을 많이 사용해 매우 조잡스럽다. 또 원형을 거의 알아볼 수 없을 정도로 폐허가 된 곳도 있는데 이는 청 왕조에 들어와 거의 보수를 하지 않은 것이 안내인의 설명이다.

만리장성의 역사는 최초 춘추시대까지 거슬러 올라가며 만리장성이라는 말이 문헌에 나타난 것은 전국시대인 것으로 알려지고 있다. 이때 장성은 북방에서만 끝이지 않고 중원의 제, 중산, 초, 연, 조, 위, 진 등이 외적의 침입에 대비하여 장성을 구축했다. 조, 연, 진이 구축한 북변의 성벽은 문헌에도 기재되어 지고 있는 것으로 알려지고 있으며, 근자에 네이멍구자치구의 츠펑 인근에서 유적이 발견되었다. B.C 221년 중국을 통일한 시황제가 연과조가 축성한 북변의 장성을 연결하여 서쪽으로 더 연장시켰는데 이는 북방유목민족의 침입에 대비하기 위한 것으로 알려지고 있다.

서방은 간쑤성의 민현권역을 시발점으로 하여 황허강의 북쪽을 휘감아 조의 장성과 합쳐지는데 그 동쪽 끝의 장성과 연결하여 츠펑부터 랴오양 인근까지 증축한 것으로 알려지고 있으며 전한시대 장성의 동부는 거의 진대의 것이었으나 서부에는 간쑤의 화랑지대를 흉노의 침입으로부터 방어하기 위하여 무제 시대에 우웨이, 주취안 2군을 설치하여 그 북쪽에 장성을 쌓았다. 그 후 장예, 둔황 2군을 설치하여 거기에 축성했던 장성도 주취안으로부터 서쪽의 위먼강까지 연장시켰다. 후한시대에는 흉노의 세력이 쇠퇴하여 중국과 싸울 힘을 잃었기 때문에 장성의 보수는 행하여지지 않았다. 삼국시대에서 진대에 이르기까지 5호의 활동이 활발하게 되어 다수가 중국으로 침입해 왔다. 그들은 자유롭게 장성을 출입했고 안으로 정착하는 사람도 있었다.

한족이 세운 진이 양쯔강 유역으로 내려오면서 남북조시대가 열리고, 화북지역으로 들어온 선비는 북위를 세웠으나 급속히 중국화 되었으며, 외몽골에서 일어난 유목민족인 유연의 침공에 대항하기위해 장성의 개축을 대대적으로 실시했다. 이는 시황제 시대의 것을 보강하는 정도였고, 북위의 영토를 이어받은 북제와 북주도 큰돈을 투입하여 성벽을 대규모로 축조했다.

이 장성은 산시 성 리스 현 부근부터 보하이만 부근까지 약 1,500km에 이르는 규모로서 현재 장성선의 위치에 새로이 축성한 것이다. 이때부터 북방의 고대장성, 즉 전국시대에 시작 되어 한과 북위시대에 보수되어 온 옛 장성은 버려져 유적지조차 알 수 없게 된 것으로 알려 지고 있다.

사실 만리장성 탐방은 필자 시발점이라고 할 수 있는 보하이만에서 중앙아시아까지 전체를 일괄 탐방한 것이 아니고 중국은 아무래도 우리나라에서 거리상 가까운 인접국이고 하여 대략 30여 차례 이곳저곳을 여행 하다 보니 짜깁기 식으로 어수선하게 나름대로 정리하였음을 독자 여러분에게 머리를 숙입니다.

어느 쪽이 선이고 악인가, **이탈리아 콜로세움**

로마에 있는 거대한 원형경기장으로 로마를 상징하는 건물이라면 단연 콜로세움이다. 플라비아누스 황제 때 세워진 것으로 원래는 플라비아누스 원형경기장이라고 불렀다. 72년 베스파시아누스 황제 때 공사를 시작해 80년 티투스황제 때 100일간의 경기가 포함된 제전을 위해 공식적으로 헌정되었다. 82년 도미티아누스 황제가 최상층을 덧붙여 공사를 완성했다. 직경이 188m, 높이가 57m로 이루어진 이 원형경기장은 검투사들의 투기장으로 고대 로마인들을 열광케하던 곳이다. 콜로세움이라는 이름은 '거대하다'는 뜻으로 인간의 능력의 무한함을 느낄 수

있는 만큼의 규모가 대단하다. 콜로세움은 80년 2만 명의 노예 및 죄수들에 의하여 건립되었으며, 5만 명의 관객을 수용할 수 있는 자리가 마련되어 있어서 관객들의 사회적 지위에 따라 정해진 자리에서 경기를 관람할 수 있었다. 그들은 거기에서 허기에 찬 맹수들이 서로를 물어뜯으며 싸우거나 범죄자, 기독교인 등을 향하여 달려드는 모습을 보며 열광했던 것이다. 인간의 심성의 선악은 어느 쪽이 진실일까.

2000년 전의 타임머신을 탄 기분으로 당시를 그려보는 것도 투어의 한 부분인 것 같기도 하다.

연인을 향한 애정이 만든
인도의 타지마할

연인을 향한 애정이 만든 **인도의 타지마할**

인도의 아그라 교외의 야무나강 남쪽 연안에 있는 마우솔레움(영묘)이다. 무굴제국(몽골제국의 후예인 티무르대왕의 후손인 바브르가 세운 나라로 무굴은 몽골이라는 인도 말이다.)제국의 황제인 샤자한이 아내인 아르주만드바누베감을 기리기 위해 건축한 영묘로서 뭄타즈마할('선택받은 궁전')이라고도 하는데 이 이름이 전와되어 타지마할이라고 알려지고 있다. 아르즈만드바누베감은 1612년 샤자한과 결혼한 뒤 헤어져 살수 없는 반려자로 지냈으나 1631년 부잔푸르라는 도시에서 아이를 낳다가 타계했다.

타지마할은 인도, 페르시아, 중앙아시아에서 온 건축가들의 공동설계에 따라 1632년경에 착공되었다. 날마다 2만 명이 넘는 노동자들이 동원되어 1642년경에 영묘가 완공되었으며 1649년경에는 성벽, 모스크, 통로등의 부속건물이 완공되었단다.

타지마할 전체가 완공되기까지는 22년의 세월과 400만 루피(요즘 환율로 2,720억원)의 경비가 소요되었으며 이 복합(complex)건물은 너비 580m, 길이 350m인 직사각형으로 남북으로 늘어서 있다.

이 가운데에는 한 변이 305m인 직사각형 정원이 있고, 그 남북쪽에 그보다 다소 작은 직사각형 구역이 있다. 남쪽구역은 타지마할로 들어가는 사암출입구로 이루어져 있고 북쪽구역은 아무나 강 가까이 뻗어 있고 이곳에 영묘가 있다.

영묘의 동서 양쪽에는 2개의 건물이 붙어 있는데 서쪽에 있는 것은 모스크이고 동쪽의 것은 미학적 균형을 맞추기 위해 세운 이른바 '자와브'이다. 모퉁이에 팔각형 탑이 솟아 있는 높은 벽이 북쪽구역과 중점을 둘러싸고 있으며, 남쪽 울타리밖에는 경비병의 주거와 마구간이 있다.

여기서 하나의 특이한 점으로는 무굴제국의 건축 관행은 나중에 개축하거나 증축하지 못하도록 되어 있기 때문에 건축가들은 처음부터 하나의 통일체로서 타지마할을 구상하고 설계한 것으로 알려지고 있다.

이 복합체의 북쪽 끝에는 영묘, 모스크, 자와브 등의 중요건물 들이 모두 모여 있다. 붉은 시크리 사암으로 지은 모스크와 자와브에는 대리석을 두른 돔과 아키트레이브(평방)가 있으며 일부표면이 단단한 돌로 장식되어 있어 순수한 하얀색 대리석으로 지은 영묘와는 색깔과 감촉에서 대조를 이룬다.

영묘는 높이 7m의 대리석 대좌위에 지어졌으며 사방이 동일한 모습으로 모서리는 정교하게 깎여있고, 각 면 마다 높이 33m를 우뚝 솟은 거대한 아치가 있다. 높은 원통형 벽으로 떠받친 양파모양의 이중 돔이 이 건물을 완벽하게 끝내고 있다. 영묘의 각 아치위에 있는 난간과 각 모서리 위에 있는 장식 뾰족탑 및 돔을 덮은 원통형 정자는 영묘의 스카이라인에 율동감을 준다.

영묘의 내부는 팔각형방을 중심으로 설계되어 있다. 얕은 무늬와 아름다운 돌로 장식 된 이 묘실에는 황제부부의 기념비가 있다. 무덤은 대리석으로 아름답게 장식되어 있고, 여기저기에 보석을 박은 대리석 막이 둘러쳐져 있다.

부부의 기념비가 있는 무덤(석관)에는 시신은 없고 정원과 같은 높이에 있는 지하 납골당에는 진짜 석관이 있다. 원칙적으로는 지하 납골당의 진짜 석관은 관광객에게 관광이 허용되지 않고 있다. 하지만 이곳에도 수많은 관광객을 상대하다보니 그런지 관리인 뒷주머니에 미화 3달러 정도만 몰래 살짝 넣어주면 만사 OK, 기념촬영도 가능 하더라.

현지에서 들은 믿거나 말거나한 이야기에 따르면 샤자한은 타지마할을 완성한 후에 이 세상에 이보다 더 좋은 묘소는 건설하지 못하도록 이 묘소에 동원된 건축가들의 손을 전부 절단했다고 한다. 아름다움의 이면에 그런 끔찍한 사건이 있었다면 남아 있는 아름다움의 의미를 다시 생각해 볼 필요가 있을 것 같다. 그러나 지금으로서는 사실여부를 확인할 도리가 없고 말 없는 건축물만 남아 그 자태를 뽐내고 있을 뿐이다.

잃어버린 도시, **마추피추**

페루 중남부 안데스 산맥에 있던 고대 잉카제국의 요새 도시 쿠스코에서 북서쪽으로 약 80km 떨어진 곳에 위치하며 이 도시 산페드로역에서 관광전용 열차로 3시간 거리에 위치하고 있다.

잉카제국이 산봉우리에 건설한 비밀도시 마추픽추 유적은 총 면적

40km³(다운타운 13km³)규모로서 중심부만 걸어 다녀도 2시간 남짓 걸린다.

우루밤바의 험준한 산악지대에 '늙은 봉우리' '마추피추와 젊은 봉우리' 와이나피추가 있다. 두 산을 이은 능선위에 세워진 공중도시, 일명 '잃어버린 도시' 마추피추는 1만 명쯤은 수용할 수 있는 성채도시였으나 어떻게 건설되었고 언제 어떻게 사람들이 떠나고 없는지는 알 수 없다. 마추피추는 1911년 미국인 탐험가 예일 대학교의 하이람 빙검이 발견함으로써 그 비밀스러운 모습이 드러났다고 한다. 이곳은 높은 산봉우

리 정상을 깎아 만든 도시이기 때문에 아래에서는 이 도시의 둘레를 상상할 수 없다. 또한 봉우리의 한 면이 온통 절벽으로 되어 있어 외부의 접근을 철저히 막고 있다. 전설에 의하면 정복자 스페인군에 쫓겨 와서 이룬 도시인만큼 잉카인들은 완벽하게 비밀스러운 도시를 구상했을 것이라고 한다.

마추피추에서 처음 눈에 띄는 것은 계단식 밭이다. 입구에서 낭하의 길을 따라가면 먼저 파수용 오두막의 자취가 있다. 전면에는 주거지역을 경유 계단식 밭을 지나게 되는데 이곳에서 수확된 농산물이 마추피추

사람들의 식량이었을 것이다. 이곳에 17군데의 우물터가 있는데, 이때 잉카인들은 이미 사이펀의 원리를 이용해서 수도를 연결시켰던 것 같아서 그들의 높은 기술수준을 감지할 수 있다.

특히 인티와 타나라고 불리는 재단은 자연석 윗부분을 평면으로 갈아 만든 것으로 제단으로 오르는 계단도 나있다. 전망이 좋은 이 제단에서 태양신에 대한 제를 올린 것으로 알려지고 있다. 현지 안내인의 설명에 의하면 이곳에서 173구의 미라가 발견 되었는데 그중 150구는 여성이고 나머지는 남성이며 남자들은 노인들인 것으로 밝혀졌다고 한다.

생각하건대 여성은 왕족을 보필하는 임무를 지니고 있었으며 남성은 농사일이 한창 바쁜 시기에만 이곳을 찾아 왔던 것 같다. 다른 사람은 다 죽더라도 왕과 왕족을 살리기 위해 남자들은 마추피추를 지킬 수 있는 다른 곳에서 생활 했을 것이다. 하지만 모든 것은 추측 일뿐 잉카제국에는 문자가 없기 때문에 확인할 수 있는 어떠한 사실도 발견할 수 없었다고 한다.

신에게 제물을 바치던 **치첸이트사**

폐허화 된 고대 마야도시이고 현재의 멕시코 유카탄주 남중부에 있다. 마야어로 '이차(우물)의 집' 이라는 뜻을 지닌 이곳에는 자연 상태의 우물이 2개 있다.

그 중 하나에는 세노테라 불리는 성스러운 우물인데 수심이 20m, 직경이 66m 정도가 된다. 안내인의 말에 따르면 마야인들은 이 우물 속에 처녀와 어린아이를 산 채로 제물로 바쳤단다. 20세기에 들어서 우물의 준설작업을 하던 중 인골과 약간의 황금이 발견 되면서 세노테가 신에게 제물을 바친 우물이었음을 증명해 주었다고 한다.

치첸이트사의 유적 중에서 가장 볼만한 것은 밑변의 사방이 55.3m 이며, 높이가 30m에 이르는 피라미드 카스티요. 거대하다고 할 말한 규모는 아니지만 단정하고 아름답다. 피라미드의 네 면에는 91개의 계단이 있고 그 위에 마련된 신전의 제단에도 하나의 제단이 있는데 이 계단들까지 합하면 총 365계단 일년 365일과 그 수가 일치한다. 마야인

의 지혜에 머리를 숙일 수밖에 없다.

카스티요(스페인어로 성) 북쪽에는 전사의 신전과 전사의 신전 동쪽에는 모두에서 기술한 우물 세노테 남쪽에는 트솜판틀리(해골의 선반)가 위치한다. 트솜판틀리 옆에는 벽면에 재규어와 독수리가 부조된 기단이 있다. 이들 부조는 인간의 심장을 움켜쥐고 있는 모습을 하고 있다. 재규어와 독수리의 기단 동쪽에는 구회장이 있다.

치첸이트사에서 발견 된 구회장 중에서 가장 커다란 규모다. '구회'라는 뜻은 종교적인 의미를 지닌 낱말로 바른 의미는 경기 행사란다. 구회장의 벽면에는 부조가 새겨져 있는데 그 중 하나에는 머리가 잘린 사람의 목으로부터 나온 피가 뱀 모양으로 바뀌어 가는 모습이 그려져 있다. 마야시대에는 뱀이 신성시 되었다는 것과 잘린 목에서 흘러나온 피가 뱀으로 묘사되었다는 점으로 보아 이 부조는 승리한 팀의 주장을 표현했을 가능성이 높다.

이어서 찾은 곳은 마야인의 종교센터 욱스말 이 이름은 '세 번 지어지다'라는 마야어가 변해서 붙여진 이름이라고 한다. 이곳은 대체로 면적이 좁고 기복이 심하다. 끝으로 총독관저다.

왜 총독관저라고 이름을 붙였는지는 불분명한데 건물은 가로 18m, 세로 5m의 큰 방과 작은 방들로 이루어져 있다. 동쪽 앞면은 복잡하고 아름다운 특유의 장식들로 가득하고 격자무늬, 번개무늬, 차크(비의신)의 얼굴, 머리장식이 있는 인물상 등이 묘사되어 있다. 이들 장식에는 다듬은 돌이 무려 2만개가 넘게 들어갔다. 총독관저는 마야 건축사상 가장 중요한 건축물로 꼽힌다.

빨간 장밋빛 도시 페트라

빨간 장밋빛 도시, **페트라**

페트라는 헬레니즘 시대와 로마제국시대에 걸쳐 아랍왕국의 중심지였던 고대 도시이고 동서방향으로 모세계곡이 관통하는 해안단구 위의 도시다. 위치로는 요르단의 마안주(무하파자)에 있다. 전설에 의하면 모세계곡은 이스라엘의 지도자 모세가 바위를 칠 때 용솟음 쳤다는 곳 중의 하나다.

전체가 빨간색과 보라색의 사암 절벽으로 둘러싸여 있어서 이 때문에 페트라는 빨간 장밋빛 도시라는 별칭을 얻었다. 페트라는 그리스어로 '바위'라는 뜻인데 성서에 나오는 셀라(Collom)가 바뀐 것이 아닌가 싶다. 이곳을 들어 갈 때는 대개 동쪽에서 좁은 시크(Sig)계곡을 따라 간다.

아랍족의 하나인 나바테안인이 이 도시를 점령하고 자신들의 수도로 삼았던 B.C 312년 이전의 페트라의 실체는 거의 알려져 있지 않다. 106년 로마인들이 나 바테아인을 몰아낸 뒤에도 페트라는 로마의 치하의 아라비아 지방에 편입되어 계속 번영 했으나 무역로가 바뀌자 상업이 점차 쇠퇴했다.

이어 6세기경에는 지진으로 많은 건물이 사라지고 7세기경에는 이슬람 제국이 침입한 뒤 역사의 무대에서 사라졌다가 마침내 1812년 스위스 작가 요한 루트비히 부르크하르트가 여행 중에 발견하였고, 1958년부터 영국고고학대학 예루살렘 분교와 미국 동양학 대학의 조사단이 로마통치 이전시대의 페트라에 관한 많은 사실들을 알아냈다.

페트라의 한 가지 특징은 바위 속을 깊이 파 들어가지 않고 바위 정상에 건축물을 지었다는 것이다. 또한 요새화된 여러 방어진지는 후세에 십자군들이 고쳐 만든 것으로 추측된다. 페트라는 자연과 고대 선조들이 이룩해 놓은 경이로움이다.

전체 55개 유적 중에서 대표적인 곳으로 시크(Sig), 보물창고(The Treasury), 극장(Theatre), 항아리단지형 무덤(Um Tomb), 데어(Deir) 5곳을 지적할 수 있다. 현지인의 설명에 의하면 전체를 돌아보는데 5일정도가 소요 된단다. 필자는 단 하루 일정으로 준비해간 망원경으로 주위를 관찰하면서 페트라를 마무리 지었다.

의문을 가지게 하는 **브라질의 거대 그리스도 상**

세계 3대 미항의 항구도시 중 하나인 리우데자네이루 코파카바나 해변 반대인 코르코바도산과 슈거로프산 언덕 정상에 소재하고 있는 높이가 38m인 거대한 그리스도 상을 말한다.

브라질 사람인 에이토르다 실비코스타가 설계하고 폴란드계 프랑스 건축가 폴란토포스키가 1931년 10월 12일 세운 것으로 알려지고 있으며, 프랑스에서 만들어진 이 거대 그리스도 상은 브라질로 옮겨져 조립

되었단다.

코르코바도산, 슈거로프산의 자연경관과 함께 어우러진 이 거대 예수상은 리우데자네이루를 압권하는 대표적인 관광 명소이다. 하지만 이 거대 그리스도 상이 과연 신세계 7대 불가사의에 포함된 것은 참 불가사의로 짐작되어짐이 솔직한 필자가 묻고 싶은 심정이다.

필자의 소견이라면 이 거대 그리스도 상을 신세계 7대 불가사의에 포함 시킨 것은 투표인 여러분들이 합리성을 잃은 처사이며 지나친 혹평이라도 한다면 우리나라의 건설업체들에게 도급계약이라도 맡긴다면 6개월 정도면 가능하지 않겠나 생각이 들기도 하고 이 거대 그리스도 상은 인근 자연경관들과 더불어 관광 명소로는 만족하겠음이 필자의 확고한 판단이기도 하다.

의문을 가지게 하는
브라질의 거대 그리스도상

두번째이야기 |

찬란한 역사를 간직하고 있는 유럽3개국 문화탐방기

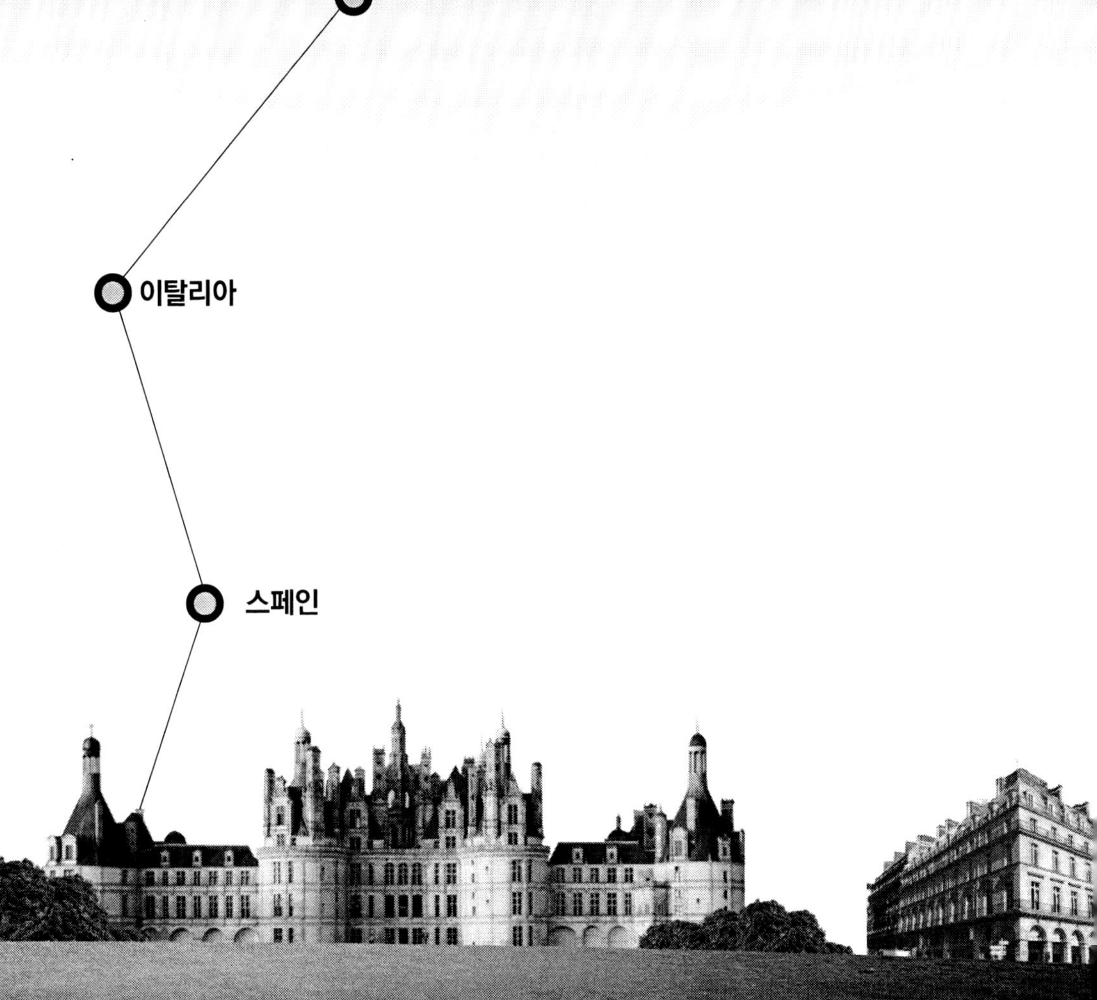

그리스

유럽문화의 젖줄인 그리스로 가다

그리스는 유럽문화의 기초를 다듬어 놓은 나라다. 우선 그리스로 가는 길부터 소개하여 보자.

우리나라에선 직항편이 없어 일본항공이 주3편씩 운항하고 있는 나리타공항에서 아테네로가 제일 편리한 여정의 첫 길잡이다.

환승까지 합하면 서울에서 아테네까지는 대략 비행시간 18시간의 거리다.

파르테논 신전

본 필자 지루함을 달래고 자다 깨다하며 몇 잔의 위스키로 잠을 청하고 나니 아테네 남쪽 10km에 위치하고 있는 엘리나콘 국제공항이다. 현지 여행사의 가이드가 피켓을 들고 반갑게 우리 일행을 맞이한다. 공항에서 투숙지인 로열올림픽 호텔까지는 리무진 버스로 30여분의 거리다. 가는 도중에 가이드로부터 이 나라에 대하여 투어를 위한 최소한도의 오리엔테이션을 받아 적어 보자.

그리스는 시에스타라는 낮잠 자는 시간이 있다. 14:00~17:00까지인데, 더욱이 6~9월의 한 여름철에는 거리가 텅텅 빌 뿐더러 주택가에서는 TV나 라디오 소리도 크게 내면 이웃으로부터 손가락 짓을 받는다. 그리고 이곳은 유객 행위와 바가지가 세계적으로도 유명한곳 고급호텔이나 산타그마광장(후술)은 바가지와 유객행위가 들끓는 곳으로 잘못 끌려들어가면 어안이 벙벙할 정도다. 이럴 땐 그 가게 이름을 기억해두고 영수증을 받아서 관할 경찰에 신고하면 된다는 것이 가이드의 설명이다.

호텔에 도착하니 17:00이다. 저녁식사 시간이 아직 이른 편이어서 향후의 투어에 참고 하고자 그리스가 어떤 나라인가를 구체적으로 또 가이드로부터 참고하여보자. 간단히 말하자면 시, 연극, 역사, 철학, 과학 등의 온갖 학문의 길을 오픈한 나라이고 건축 조각, 도예 등 예술의 이상화를 실현하여 금빛유럽문화의 초석을 이루어 놓은 나라다.

맨 먼저 투어 할 곳인 이 나라의 수도 아테네는 약2500년 전 도시국가의 맹주로 번영한 도시였기에 시내 곳곳마다 그 옛날의 영광을 되새기게 하는 역사의 뚜렷한 흔적들을 찾아볼 수 있고. 1834년 그리스의 수도가 된 이래 현대식 건물이 도시를 점거하고 있으나 중세 비잔틴양식의 건물도 꽤 많이 볼 수 있고. 고대와 중세, 현대가 함께 자리 잡고 있는 수도 아테네는 여행객들에겐 강력한 인상을 남겨두는 곳으로서 흠잡을 곳이 없다는 곳으로 알려지고 있다.

그리스 역사 3500여년의 장구한 역사는 세계사적으로 가장 중요한 시기는 고전 고대라고 불러지는 그리스, 로마시대의 초기로서 기원전 8~4세기의 걸친 시기, 이시기에 이 나라는 독창적인 문화가 크게 융성하였는데 그자들이 자유로운 사색 활동을 할 수 있었기 때문이고, 그리고 활동의 근간이 된 것은 이 나라의 독특한 공동체적 소국가 폴리스 인것으로 알려지고 있으며, 그리스는 기원전 500~1000년 동안이나 지중해에서 아테네를 근간으로 하는 그리스 문화를 이루었고 그 이후로는 로마 비잔틴 오스만 투르크의 통치하에 있다가 19세기에 오스만 투르크에서 독립하여 펠로폰네소스반도와 키클라데스 일대를 중심으로 지금의 그리스를 탄생시킨 것으로 알려지고 있다.

오스만 투르크의 통치 14세기는 오스만 투르크의 통치가 전 그리스로 확산된 시대이기도 하였고 1453년 오스만 투르크가 전 통치자 비잔틴의 수도인 콘스탄티노플(지금의 이스탄불)을 점령하여 오스만 투르크 제국의 수도로 만들었고 이와 때를 같이하여 그리스전체가 오스만 투르크의 통치화 되었다. 그리스를 통치한 오스만 투르크인은 전부가 이슬람 교도였지만 그리스인들에게 종교의 자유를 주어 그리스도교를 믿을 수 있게 하였을 뿐만 아니라 지방자치 정부도 허용하는 관대한 통치였기에 그리스 인들은 부를 모으기 시작했고 교육수준도 향상 되면서 독립으로의 강력한 욕구를 갈망하게 되었기에 선진 유럽의 과학 지식도 받아들이고 그리고 1814년 러시아의 오데사에 모인 그리스 상인들은 필리케 헤타이리아라는 우애조합을 만들어 오스만 투르크에 대한 최초의 저항 운동으로의 조직으로 발전하여 봉기하는 계기가 된 것으로 알려지고 있으며, 이 나라의 독립을 위한 최초의 전쟁은 1821년으로 그리스 펠로폰네소스와 에게해의 많은 섬에서 이 나라의 용맹한 전사들이 산으로부터 하산하여 투르크군을 쓸어 물리 친 것은 역사적 사실이고 1825년에 투르크는 이집트와 연대하여 펠로폰네소스와 여타 해방시킨지역들을 다시 침략하는 서로간의 공방전 속에서 그리스인의 저항은 좀처럼 수그러들지 않았다. 1827년에 프랑스, 영국, 러시아는 전쟁을 끝내기 위해 무력도 불사하겠다는 이름하에 그리스를 오스만의 자치령으로 둔다는 것에 합의하였다. 하지만 투르크가 이에 반대하여 전쟁이 발발 1827년 10월 20일 프랑스, 영국, 러시아 함대는 나바리도 전투에서 투르크, 이집트 함대를 괴멸시켰다.

이어 1828년 러시아는 선전포고를 하였으며 투르크는 그리스로부터 철수하고 1830년 런던 의정서라는 협정에서 그리스의 완전 독립을 보장하기로 약속을 받아내고, 1832년 3개국은 그리스의 초대 국왕으로 바이에른의 왕자 오토1세를 지명하였으며 이와 동시에 현재와 같은 그리스의 국경선도 확정지어진 것으로 알려지고 있다. 이 것으로 현지 안내인으로 부터의 개략적인 오리엔테이션은 마무리 한다.

이튿날이다. 이 나라수도 아테네의 7월 날씨는 습기한점 없는 쾌적한 우리나라의 가을 날씨인 냥 천고마비(하늘은 높고 말은 살찐다) 가을 날씨와 같기도 하다.

서울에서 가지고 온 여행일정에 따라 이 나라수도 아테네부터 진행된다. 투어의 출발점은 산타그마광장 주변부터이다.

산타그마광장 이 나라 수도의 중심이 되는 광장으로서 아테네에서 그리스 각지로 뻗는 거리로서 이곳을 기점으로 삼고 있으며, 우리나라로 치면 서울의 광화문과 같은 곳으로 관청가, 비즈니스가, 쇼핑가 이기도 하다. 광장에는 옥외 찻집인 카페니온이 많아 다양한 차나 스낵을 들면서 서로들 담소를 나누고 있는 것을 볼 수 있다.

산타그마광장은 우리말로 번역하면 헌법광장이라는 뜻인데 이유인즉 1843년 이곳에서 처음으로 헌법이 공포되었기 때문이고 또 이곳은 B.C 335년에 아리스토텔레스가 리케이온 학원을 열었던 곳으로 알려지고 있다.

하드리아누스문 이곳은 제우스신전(후술)서쪽에 있는 고대 로마시대의 문이다.

구아테네거리와 새아테네 거리를 경계로 하여 로마 황제 아드리아누스 2세가 세웠으며 폭13m 높이가18m이고 문의 서쪽에는 "이곳은 아테네테세우스의 옛 고을 동쪽에는 이곳은 하드리아누스의 고을 이미 테세우스의 고을이 아니다."라고 쓰여져 있다.

올림피아제우스신전 이곳은 올림포스 산의 제우스에게 바친 신전 터이다. 전술한 하드리아누스 가까이 뒤에 있다. B.C 515년 아테네의 참주(僭主) 페이스트라토스가 착공 하였으나 그가 실각하자 공사도 중단되었고 계속 우여곡절을 겪다가 하드리아누스시대에 완성 되었으며, 신전 안에는 상아와 황금으로 만들어져 있는 제우스상이 안치 되어있다.

올림픽스타디움은 산타그마 광장에서 걸어서 10여분 거리의 말굽모양의 경기장이며, 1896년 제 1회 세계올림픽경기가 이곳에서 열렸고 B.C 331년 판 아테네 대축제의 경기용으로 조성되었다. 현재의 모습은 제 1회 올림픽경기에 대비 이집트의 알렉산드리아에 살던 그리스의 대부호 아베로프가 기부금을 내어 고대 경기장 모습으로 복원된 것으로 인원 5만 명을 수용할 수 있고 선수들이 달리는 트랙은 고대 경기장과 마찬가지로 말굽모양이며 1주 거리는 400m이다. 스타디움 전면 광장에는 이 경기장을 복원시킨 아베프로상이 있다.

본 필자는 기념으로 이번 투어에 동참한 일행 몇 분과 트랙을 한번 달리다 보니 마치 고대 아테네를 타임머신을 타고 달리는 착각에 빠진 기분이랄까 형언 할 수 없었다.

콜로나키광장 이 광장은 아테네에서 가장 멋쟁이 거리다. 이곳에는 패션 가계들이 줄지어 있는데, 이탈리아의 밀라노나 프랑스의 파리에서 금방 발표된 새로운 제품들이 이 상점거리에도 동시에 전시된단다.

리카베투스언덕으로 가보자 사면이 급한 원추형이며 높이가 273미터를 자랑하는 이곳은 전나무가 엄청나게 많은 바위산으로서 아테네의 여신이 아크로폴리스를 수호하는 성체를 건립하기 위해서 가져온 바위라는 전설이 전해진 것이 현지 안내인의 설명이고 그리고 전체면적 중에서 녹지대가 차지하는 면적이 3퍼센트에 지나지 않는 매마른 아테네에서 그나마 상쾌한 공기를 숨 쉴 수 있는 곳이라면 이곳 리카베투스산일 것이다.

이곳에서는 아테네의 시가지가 한눈에 들어오는데 이 산에서 보는 일

그리스의 복원된 현대 올림픽 스타디움

몰의 광경은 이 나라에서 제일 아름답다 하겠다.

폴라카주변 산타그마광장, 이크로폴리스언덕(후술), 고대 아고라에 둘러싸인 지역이 구시가지로 불리는 플라카지구다. 플라카라고하는 뜻은 '오래되다'라는 뜻의 알바니아 말에서 전래되었다고 하는데 좁은 골목길로 되어있고 정말로 오래된 건물과 가옥들이 눈에 많이 띄기도 할뿐만 아니라 건물은 대개 19세기에 세워진 것들이다.

이곳은 또 시내에서 가장 인기 있는 관광지로 이른 아침부터 관광객들로 붐비기도 하나 아테네의 밤은 플라카에서라는 말이 있다시피 밤은 플라카에서 보내는 것이 흥미롭다. 경계는 정확하게 나타낼 수 는 없지만 대개 아크로폴리스의 북쪽 기슭으로 좁은 길로 연결 되어지는 지점에서 동쪽 구역을 일컫는다. 폴라카의 밤이 흥미로운 것은 타베르나가 그 이유이다. 타베르나는 아테네인 취향의 선술집인데 이 음식점에서는 악사가 부주키를 연주하며 흥을 돋우어 주기도 한다. 이것은 4현으로 된 만돌린 과 유사한 것으로 이 나라 고유의 악기이다. 때마침 우리가 한국에서 온 것을 알고는 아리랑을 연주하여 주기도 하여 고마움을 느끼고는 팁으로 5불을 주니 애국가를 한곡 더 연주하여 주기도 했다.

일반적으로의 타베르나의 공통적인 특성은 손님을 편안하게 따뜻하게 모신다는 것과 주방을 오픈하여 손님이 음식을 직접 보고서 고를 수 있다는 것이며 이곳사람들은 자기네들의 음식 요리를 대단한 자부심으로 자랑도 한다. 하지만 사실상 이 나라 요리의 전통은 별로 없고 터키를 다녀오신 분들이라면 이 나라의 음식요리가 터키와 비슷하다는 것을 느낄 것이다.

이는 이 나라가 400여 년 동안 터키의 지배하에 있었던 것이 그 이유이기도 하다. 아크로폴리스는 고대아테네의 예술과 신앙의 센터로서 아테네뿐만 아니라 그리스의 상징인 아크로폴리스언덕은 아테네시 한복판에 있다.

이 언덕 위에 파르테논 신전을 비롯하여 많은 수의 신전들이 2,500년 전의 영화를 꿈꾸듯 펼쳐져 있다.

파르테논신전은 기원전 5세기 페르시아와의 승리한 전쟁을 기념하여 그때의 지도자 피리클레스의 지휘아래 건축되었을 뿐만 아니라 당시의 조각가 피디아스등 일류 공예가와 건축가들이 참여하여 만든 것으로 알려지고 있다. 고전시대를 대표하는 건축물이고 유네스코가 지정한 일류

문화유산 제 1호의 세계적으로 귀중한문화유산이다.

필자가 보다 구체적으로 하나더 피력한다면 1687년 베네치아군이 쏜 포탄이 이 신전에 맞아 애석하게도 파괴된 바 있으나 19세기에 와서야 이곳에 있는 주요 신전들이 현재와 같은 모습을 이루게 된 것으로 알려지고 있더라.

파르테논 신전은 아크로폴리스에서 최대의 신전인 아테네의 수호신을 모시던 곳이며 도리스양식 건축물의 최고봉이라고 불러지고 15년간의 시간으로 완공했다는 기록이 현지 가이드의 설명이다. 기둥의 높이는 10m 기단은 가로 31m, 세로 70m, 정면과 후면에 각기 8개 측면에 17개의 원주가 있다. 신전 바로 정면 지붕 경사면에는 아테네 여신이 제우스신의 머리에서 태어나는 장면이 조각되어 있고 뒤쪽에는 아테네가 포세이돈과 싸우는 모습이 새겨져있다. 이어 아크로폴리스박물관으로 간다. 박물관은 아크로폴리스 동남쪽 구석 쪽에 있는 박물관이다.

페르시아 군에 의해 파괴된 옛 신전을 꾸미고 있던 조각종류가 대다수다 9개의 전시실이 있는데

제 1실은 B.C 7세기경의 유물들이고 전설의 영웅 헤라클레스가 9개의 머리를 갖고 있는 물뱀과 싸우고 있는 부조가 있다.

제 2실은 헤라클레스와 괴물(반인반어)트라톤이 싸우는 부조가 있다.

제 3실은 황소가 2마리의 사자에게 잡아먹히고 있는 조각이 있다.

제 4실은 아테네의 부조가 있는데 소녀상이 많고 가냘프고 아름다운 인체가 드러나 있다.

제 5실은 그 옛날 고대 신전의 항아리와 조각들이 전시되어 있다.

제 6실은 남자나상의 머리 크레타의 소년 등의 조각품이 많다.

제 7실은 괴물 반인반마인 캔타우르스의 머리등이 있고

제 8실은 페르시아 전쟁에서 그리스 군에게 승리를 안겨준 여신이 잠시 휴식하고자 샌들을 벗으려는 모습을 새긴 것으로 머리는 없지마는 물

흐르듯 얇은 옷차림의 자태가 마치 살아있는 여인 같다.

제 9실은 고대 이 나라 후기 조각의 파편(목신판과요정)(경기 봉헌 릴리프)이 있다.

디오니소스의 성역으로 가보자.

알려지고 있는 바와 같이 그리스문화는 오늘날 유럽문화의 토대가 되었는데 연극도 예외는 아니고 기원전 5세기에 화려하게 꽃피운 극장으로 그 당시에 1만7천명을 수용할 수 있었다고 하는데 지금은 기나긴 세월에 의하여 거의 허물어지고 흔적만이 남아 있다. 여기에서 현지 안내인의 설명을 경청하며 보다 세세하게 디오니소스를 정리하여보자.

아크로폴리스 비탈진 남쪽에 있는 이 극장은 무대와 관람석이 일체로 이루어져있고 무대는 다시 합창대가 노래하고 춤추던 오케스트라와 그보다 한단이 높은 곳으로서 배우들이 연기하던 스케네로 구분되고 스케네는 로마시대의 것으로 파이드로스 연단이라고도 불리었다.

연단에리어(AREA)에는 디오니소스의 성장과정에서부터 아리카 땅에서 숭배받기까지의 내력이 부조되어 있는데 이는 그리스의 비극과 희극의 뿌리가 디오니소스에 대한 그리스인의 애정과 숭배가 그 이유이기 때문이다.

비극은 디오니소스의 죽음과 부활에 관한 고대 신화를 찬양하며 각색하고 연출하는데서 부터가 시작이었으며, 희극은 디오니소스의 신통력을 축하하는 행진에서 비롯된 것으로 알려지고 있다.

비극의 경연대회는 기원전 6세기말부터 아테네에서 개최되었으며 아이스킬로스, 소포클레스, 에우리피데스가 잘 알려져 있는 고대 그리스 3대 비극 작가이다.

고대아고라주변 아고라는 고대 그리스시대의 유적지로 시장이라는 뜻이기도 하지마는 웅변가의 연설 정치이야기 등 다양한 정보를 얻는 장소로서 아크로폴리스 북서쪽에 위치하고 있다.

B.C 6세기 경 부터 신전과 건물이 들어서고 광장 주변엔 노점들이 벌어지기도 했고 당시에는 남자들이 장을 보러 다녔고 이른 아침에 아고라에 나와 상거래나 토론도 한 것으로 알려지고 있었다.

이곳 원형 건물은 아테네 행정을 관장한 평의원 푸리타네스의 집무실이었고 B.C 6세기에 세워졌으나 페르시아 군에게 파괴되었고 B.C 5세기에 재건축되어 현재에 이르고 있으나 기나긴 시간에 의해 폐허가 되어 지금은 둥근 토대만 남아있다.

영웅의 성역에는 B.C 6세기에 아티카지방의 10부족 중에서 선출된 10명의 영웅의 동상이 서있다.

제우스 엘리테리우스 주랑은 아테네를 점령했던 페르시아 군을 몰아내고 아테네가 승리하도록 한 제우스신에게 고마워하며 B.C 5세기에 세운 것으로서 외벽은 투박한 도리스식 기둥, 안쪽은 아름다운 이오니아식 기둥을 세운 복합형주랑, 집정관의 공식 집무실로 쓰였고 토론장으로도 사용된 곳이다.

이어 하트리아누스도서관을 둘러보자 로마황제 하드리아누스가 2세기에 세운 것으로 안뜰을 둘러싸듯 건물이 늘어서 있고 동쪽 회랑을 따라 나있는 5개의 방중에서 가운데 방이 도서관이다. 내부에는 들어갈 수 없도록 되어있다.

국립고고학 박물관을 가보자

이곳은 이 나라의 곳곳에서 출토된 신석기 시대로부터 비잔틴시대까지의 미술품 이라 던지 유물이 소장되어 있는 세계적 유수의 박물관이다. 1층과 2층으로 나뉘어져 있는데 1층은 선사시대부터 비잔틴시대의 장신구와 신전을 꾸미고 있던 조각과 부조 등이 전시되어 있고, 2층에는 도기와 산토리니 섬, 아크로티리 유적의 벽화가 전시되어있다.

또 이곳은 전술한 바의 아크로폴리스 언덕과 함께 아테네를 대표하는 곳으로 2~3시간 천천히 둘러보고 싶은 곳으로 필자가 추천하고 싶은 곳이기도 하다.

수니온은 아테네 남쪽 70km 지점에 위치하고 있으며 아티카반도 동남쪽 끝이기도 하다. 우리들에게 흔이 알려지고 있는 그 유명한 포세이돈신전이 있는 곳이기도 하다. 신전은 기원전 444년경에 건축된 것으로 종래에는 34개의 도리아식 원주가 있었으나 시간과 풍화작용에 의하여 폐허가 되고 지금은 15개의 기둥만이 남아 쓸쓸하기도 하다. 이곳 수니온에서 바라다 보이는 접면 경관은 아름다움의 극치이고 더욱이 에게해의 일, 출몰은 가히 환상적이다.

그리스 독립 전쟁 시 전사한 영국 시인이자 여행작가이기도 하였던 로드 바이런은 수니온에서의 감명을 이렇게 쓰고 있다. "수니온 곶 대리석 절벽위에 나를 놓아두시오 거기에는 파도와 나 이외에는 아무도 없고 우리의 속삭임 귀가에 흩날리는 거기에는 백조처럼 노래하다가 죽을 수 있게 그냥 나를 내버려두오." 수도 아테네에서 수니온 곶까지는 시외버스로 2시간의 거리이고 취향에 따라 선택할 수 있는 숙박시설과 레스토랑은 잘 갖추어져 있고 저렴한 편이다.

하드리아누스문(고대 로마시대의 문)

그리스 대통령궁 앞에서 필자

이어 텔포이로가다

아테네에서 델포이로 가는 길은 완만한 구릉지대이고 길을 가다보면 작은 도시 레바디아에 도착한다. 이 작은 시는 아담하고 평온한 곳으로 파르나소스 산기슭에 자리 잡고 있어 그 산간을 똑바로 가면 델포이가 나온다.

델포이를 가는 도중에 오이디푸스가 아버지인줄 모르고 테베의 왕 라이나스를 죽였다는 전설의 장소가 있다. 테베는 이 나라의 고대 도시로 미케네 문화의 전성기에는 미케네 아르골리스와 겨를만큼 맹위를 떨치던 곳이었으나 지금은 올리브 밭과 회색 바위로 연결되어져 있는 작은 도시로서 미케네와 더불어 그리스 비극의 무대로 잘 알려져 있는 곳이다.

오이디푸스의 두 아들이 서로 대적하여 싸우다가 나중에는 상대방을 동시에 쳐서 같이 죽었다는 아이스컬로스의 테베로가는 7인과 소포클래스의 오이디푸스와의 무대가 테베다. 코린토스는 그리스 본토와 펠로폰네소스반도를 있는 지형에 위치한 옛 고대 그리스의 폴리스로서 그리스 남과 북의 육상교통 요지이며 이오니아와 에게해를 연결시키는 교통요지이기도 했던 코린토스는 지리적으로 유리한 위치에 있었기 때문에 상거래와 무역으로 번영을 크게 누려온 것으로 알려지고 있었다.

코린토스는 그리스의 여러 폴리스들이 쇠락하던 헬레니즘 시대에도 번성하여 헬라스의 별로 일컬어지고 있었으며 그 당시에 코린토스는 마케도니아의 지배하에서 상공업도시로 영화를 누리고 있기도 하였는데 그때 로마에 적대적이었으므로 기원전 146년 코린토스는 로마의 집정관이었던 뭄미우스에 의해 파괴되다 싶이 하였고 기원전 44년 카이사르에의하여다시 재건되어 번영을 다시 찾고 521년의 지진으로 타격을 받고 쇠락하였으며 1858년에 한 차례의 큰 지진으로 되돌이킬수 없이 완전히 파괴되었다.

현재의 코린토스시는 지난날의 코린토스에서 약 5km 근거리에 있는 코린토스현의 주도로 알려지고 있다. 이곳의 유적지로는 도리스식 건축미로 된 아폴로신전의 열주가 잔존하고 있고, 아폴로신전의 원주는 석회암으로 만들어져 있으며, 엔타시스 양식으로 가히 중후함이 압권이다. 신전 남쪽의 고대 로마시대의 아고라의 양쪽 끝에는 페이레네와 그라우케 샘이 있는데, 이 두 샘에는 전설로 전해지고 있는 슬픈 이야기가 있다.

페이레네샘의 전설로는 억울하게 죽은 아들 때문에 견딜 수 없는 슬픔으로 눈물로 지새우던 페이레네가 자신의 눈물에 몸이 녹아서 샘이 되었다는 슬픈 페이레네샘이다. 그리우케 샘에는 공주 그라우케와 얽힌 전설로서 그라우케는 황금으로 만들어진 양가죽을 구하기 위해 코르키스까지 원정을 하였던 이아손의 둘째 부인이 되었다. 본처인 메디아는 시샘에 못 이겨 그라우케를 살해할 것을 작정하고 독 묻은 옷을 그라우케에게 선물한다. 이 사실을 모르는 그라우케는 이 독 묻은 옷을 입음으로서 온몸에 화상을 입고는 옆에 있는 샘으로 뛰어들었는데 이 샘이 그라우케샘이다.

데살로니키로 가보자 이곳은 고대 마케도니아의 정치, 경제, 문화의 중심지이며 지금은 그리스의 제 2도시이다.

터키, 불가리아, 유고슬라비아로 진입하는 교통 요충지이며 국제 항만도시로서 발전을 계속하고 있는 곳이기도 하다. 이 시의 가까운 인근에는 제우스를 비롯한 기타 그리스의 신들이 살았다고 알려지고 있는 올림포스 산의 만년설이 장엄하게 솟아있고, 그 남쪽에는 미의 여신인 아프로디테와 사냥의 여신 아르테미스가 목욕을 하였다는 템페의 계곡이 있다. 동남부 동쪽의 반도가 성스러운 산이라고 불러지고 있는 아토스 산으로 그리스 정교의 성지로 알려져 있기도 한 곳으로서 아토스 산은 금녀의 계율이 엄하여 여성, 동물의 암컷이나 거세자, 어린이들의 입산을 금지하고 있으며 비록 남성이라도 하여도 그리스 정교의 신자 외는 방문이 금지되어있다.

아토스 산을 방문하고자 할 시는 수도 아테네나 데살로니카에서 국가간의 비자와 비슷한 허가증을 교부받아야 한다. 이곳을 방문하기 위한 하나의 교통수단으로는 다프니 항과 아토스 지방정부의 수도 카리에에서 이빌론 수도원을 연결하는 버스 한 코스가 전부다.

미케네와 크레타는 필자에게 있어서 그리스의 여행의 마지막 여정이기도 한 곳이다. 이곳은 에게문명의 발상지로서 크레타 섬을 중심으로 발전했던 미노아문명과 미케네를 중심으로 해서 발전한 미케네 문명으로 구분된다 할 수 있다.

전설과 같은 에게문명은 호메로스의 서사시에 매력을 간직하고 있던 하인리히 슐리만에 의해 1870년 최초로 그 모습을 나타낸 것으로 알려지고 있다. 슐리만은 모국독일에서 어려운 가정 형편상 고등교육은 받지 못했으나 호메로스의 서사시 일리아드의 트로이 전쟁이 전설이나 창작이 아닐 것이라고 믿고 있었다. 이런 마음가짐에서 트로이 전쟁이 실제 이었음을 나타내기로 마음먹고 이에 필요한 앎을 독학으로 습득하였고 이어 사업의 번창으로 부가 축적되자 자신의 재력으로 아나톨리아 반도(소아시아 지금의 터키)북서쪽 해안의 언덕을 발굴하기 시작하였다.(필자 1997년 탐방하였음)

그 결과 아홉 개의 도시 유적이 있는 것을 확인하고 이곳에서의 많은 황금 유물이 트로이 왕 프리아모스의 유물이라고 생각하였다. 이어 미케네의 무덤에서도 값지고 뛰어난 유물들을 많이 발굴하였다. 1900년부터는 영국의 고고학자 아더에반스가 크레타의 유적 발굴을 시작해 웅장한 왕궁 터와 왕의무덤 기타 부속 유적들을 발견하였으며 이로 인하여 에게해에는 훌륭한 문명이 존재 하였다는 것이 입증되었다.

미노아문명은 크레타 섬의 현관인 이라클리온에서 남쪽 5km 안쪽 깊숙한 곳에 있는 미노아문명을 대표하는 왕궁인 크노소스왕궁이다. 이 크노소스 왕궁을 발굴했던 에반스는 거기서 설립된 문명을 크레타의 전설적인 왕 미노스의 이름을 따서 미노아 문명이라고 명명하였다. 미노아문명의 왕궁유적은 미케네문명과는 달리 바다라는 자연적의 장벽이 있었기에 성벽이 없는 것이 그 이유이다. 크노소스왕궁도 성벽은 없고 중앙에는 넓은 정원이 있고 주위로는 생동감 넘치는 벽화로 장식된 방과 방으로 층층히 연결되어 있고 미로로 이어져 있어서 이곳이 크레타를 지배하고 있었던 전설의 왕 미노스의 왕궁임을 확실하게 입증함이 그 이유란다.

꿈만 같은 10일간의 그리스 투어도 일행들과의 후일의 우연한 만남을 뒤로 한 채 이것으로 마무리한다.

이탈리아 1

위대한 유산, 찬란한 문화의 정점 속으로

역사가 살아 숨 쉬는 도시 '로마'를 가다

이탈리아 하면 고대 로마가 머릿속에 가장 먼저 떠오를 만큼, 로마는 자칭, 타칭 유럽문명의 장자(큰아들)로 인정받고 있다. 필자는 수차례의 이탈리아 투어를 한 바 있으나, 금번처럼 2주 동안 반도 전체를 몇 번의 망설임 끝에 용기를 내어 여행기를 쓴다.

인천 국제공항에서 로마의 레오나르도 다빈치 국제공항까지는 비행기로 약 12시간이 걸리는 거리다. 긴 비행 후 현지에 도착하자 이미 저녁 어스름이 도시 전체에 내려앉고 있었다. 곧바로 투숙지인 크헤리아 팔레스 호텔로 향했다.

이탈리아는 국토 전체가 하나의 거대한 박물관이라고 세인들에게 회자 되고 있는 바, 막상 이동 중 창밖으로 어둠 속에서 불빛에 반사되는 로마의 거리를 보노라니 그동안 수차례 이탈리아를 방문한 것이 무색할 만큼, 과연 필자가 이 거대한 도시에 대한 기행문을 제대로 쓸 수 있을지 만감이 교차했다. 투숙 직전, 교민이 운영하는 한 식당에서 소주 한

병(참이슬)과 저녁식사를 끝내고 소주 값을 지불했다. 우리 돈으로 2만 원이란다. 순간 깜짝 놀란 기분이었으나 이억 만리타국에서 열심히 살고 있는 교민에게 필자 정도의 부를 가진 사람으로서야 시쳇말로 새 발의 피다. 얼큰한 소주에 취한 탓인지 내일부터 시작되는 여행일정에 괜한 자신감이 생기는 것 같다.

이튿날이다. 이미 서두에서 밝힌 바와 같이 이탈리아 여행이 여러 번째이기에 반도 전체를 또다시 답습한다는 것은 한정된 일정과 건강상에도 무리라는 판단이 되었다. 따라서 기행문을 위해 반드시 들러야만 되는 곳, 즉 독자들에게 꼭 소개하고 싶은 장소만을 방문해야겠다고 다짐하면서 출발에 임했다.

로마의 거대 원형경기장 **콜로세움**

맨 처음 투어는 콜로세움으로 정했다. 로마를 상징하는 건물이라면 단연 콜로세움이기 때문이다. 직경이 188m, 높이가 57m로 이루어진 이 원형 경기장은 검투사들의 투기장으로 고대 로마인들을 열광케 하던 곳이다. 콜로세움은 80년 동안 2만 명의 노예 및 죄수들에 의하여 건립되었으며, 5만 명의 관객을 수용할 수 있는 자리가 마련되어 있어서 관객들의 사회적 지위에 따라 정해진 자리에서 경기를 관람할 수 있었다. 그들은 그곳에서 허기에 지친 맹수들이 서로를 물어뜯으며 싸우거나 범죄자, 기독교인 등을 향하여 달려드는 모습을 보며 열광했던 것이다. 인간 심성의 선, 악은 어느 쪽이 진실일까. 2000년 전의 타임머신을 탄 기분으로 당시를 그려보는 것도 투어의 한 부분인 것 같기도 하다.

로마건축의 백미 **판테온**

콜로세움에 비한다면 규모는 작지만 로마 유적 가운데 지금까지 원형을 완전히 갖추고 있는 가장 오래되고 유명한 건물인 판테온은 기원전 27년 아우구스투스 황제의 사위였던 아그리파에 의해서 세워진 것을 118~128년에 걸쳐 하드리안이 재건하여 현재에 이르고 있다.

외형적인 면에서 우리가 기대한 만큼 웅장하거나 호화찬란하지는 않지만 내부로 들어서면 큰 돔으로 된 천장에서 쏟아져 들어오는 빛이 모자이크 바닥을 비추어 따사로운 느낌을 준다.

미켈란젤로가 천사의 설계라고 찬사를 아끼지 않았다는 판테온은 건물의 전체적인 이미지를 부각시키는 데에 내부공간도 한 몫을 차지할 수 있다는 사실을 충분히 보여주었다는 평가를 받고 있다. 초기엔 로마 신들을 모시는 신전으로, 7세기에 들어서는 기독교 사원으로 사용되어 오다가 이탈리아가 왕국으로 통일되면서 왕들의 묘지로 쓰였다고 한다.

세계에서 가장 작은 나라 **바티칸시국**

최고 수준의 종교적 유물들에 접근하기 이전에 바티칸 시국과 그 내용을 살펴보자. 바티칸 시국은 전 세계에서 가장 작은 도시 국가로서(0.44평방킬로미터) '마리오' 산과 '쟈니꼴로' 언덕 사이의 바티칸 언덕 위에 있다. 갈리골라 황제 때 만들어진 원형 경기장에서 67년 베드로 성인의 순교가 있었던 그 자리에 세워진 이 성당은 모든 기독교인들에게는 가장 중요한 곳이다.

중세 때의 이탈리아의 대부분은 교황청(Stato Pontificio)의 지배하에 놓인다. 1870년 통일 이탈리아 왕국시대 이후 1929년 교황청과 이탈리아와의 라테란 조약(Patti La tera nen si)으로 교황청의 독립이 인정된다. 바티칸 시국에는 외교관, 경찰관, 1505년 율리 병사였던 스위스 호위대가 있다. 원래는 교황의 신변을 보호하기 위해 200명의 스위스인들로 구성되었으며, 그들의 인상적인 복장은 미켈란젤로의 디자인으로 5세기 동안 변함없이 이어져 온다.

종교와 예술의 승화 **성 베드로 광장 성당**

산피에트로광장이라고도 불리는 성 베드로 광장은 수백만의 기독교 신자들에게는 종교적으로나 예술적으로나 많은 영향력을 준다.

이탈리아 바로크양식의 거장인 화가 조각가 베르니니(Giovanni Lorenzo Bernini)가 1656년 설계해, 12년 만인 1667년 완공하였고 입구에서 좌우로 안정된 타원형 꼴이며, 가운데서 반원씩 갈라져 대칭을 이룬다. 좌우 너비는 무려 240m이다. 정면 끝은 산피에트로대성당(성베드로대성당)의 입구에 해당한다. 반원형인 광장 좌우에는 4열의 그리스 건축양식인 도리스양식 원주 284개와 각주 88개가 회랑 위의 테라스를 떠받치고 있다. 테라스 위에는 140명의 대리석 성인상이

대성당의 내부 중앙에는 [illegible] 천개

조각되어 있다. 회랑은 예수 그리스도가 인류를 위해 팔을 벌리고 있는 모습으로 형상화하였다. 광장 중앙에는 로마의 3대 황제 칼리굴라(Caligula)가 자신의 경기장을 장식하기 위해 40년 이집트에서 가져온 오벨리스크가 우뚝 서있다.

이 오벨리스크는 로마로 옮겨진 뒤 경기장에 세워졌으나, 후에 경기에서 죽은 순교자들을 기념하기 위해 1586년 지금의 위치로 옮겨졌다. 뒤에 오벨리스크 꼭대기에 알렉산드로 7세 가문의 문장과 십자가가 장식되었는데, 이집트 사람들에게는 약탈 문화재를 대표하는 상징물로 인식될 만큼 많은 굴곡을 겪은 건축물이다. 높이는 25.5m, 무게는 320톤이다. 오벨리스크 좌우에는 마데르나(Carlo Maderna)와 폰타나(Carlo Fontana)가 각각 만든 2개의 아름다운 분수가 있다. 베드로가 순교한 곳으로, 세계에서 가장 아름다운 광장이자, 베르니니의 대표적인 걸작 가운데 하나로 꼽힌다.

고대 화려한 도시의 한복판 **포로로마노**

한 마디로 말해서 고대 로마제국의 발자취가 그대로 살아있는 곳이다. 모든 길은 로마로 통한다고 당당하게 이야기하던 고대 로마 제국의 역사가 이어져 내려온 곳. 고대 로마의 얼굴이며 심장이고, 백만 로마인들의 정치, 경제, 사법, 종교의 중심이 되었던 옛날의 그 자리가 지금의 포로로마노이다. 지금은 이탈리아의 수도 로마 안에 폐허가 된 광장으로 자리 잡고 있는 유적지지만 그 고도를 걷는 동안에 우리는 어느새 감각으로는 도무지 와 닿을 수 없을 것 같은 2000년이라는 긴 세월의 벽을 뛰어넘어 고대 로마의 흔적을 딛고 서 있는 것이다.

포로로마노에 들어서면 우선 셉티미우스 세베루스 황제의 개선문이 눈에 띈다. 이 문은 황제가 동방 원정에서 거둔 승리를 기념키 위해 203년에 세운 것으로 높이 23m, 폭 25m의 거대한 아치형으로 되어있다. 그 맞은편이 로마의 농업신인 사투르누스의 신전으로서 지금은 8개의 원주만이 쓸쓸히 남아 있지만 당시에는 가장 중요한 궁전 중의 하나였다. 해마다 12월에는 사투르누스 신의 축제가 열렸는데 이 기간만큼은 노예도 주인과 대등한 관계로 지낼 수 있었다고 한다. 포로로마노를 걷

다 보면 닳고 닳아진 고대의 포석길이 이어져 있는 것을 볼 수 있다. 전쟁에 나가 승리한 로마 군인들이 전리품으로 얻은 노예들과 물품 등을 마차에 가득히 싣고 사기 충전해서 행진했던 그 길이다. 이른바 성스러운 길이라고 불리는 이 길을 따라 걷다 보면 지금은 그 흔적조차 희미해진 카이사르의 신전에 이르게 된다.

고대 로마의 중심가 **제국의 공회장**

콜로세오에서 황제들의 공회장을 걷노라면 아우구스투스 시대 이후의 폐허의 잔재들이 기계적인 호위를 하는 듯하다. '다카아' 전투의 승전을 기념해 만들어진 '트라이아누스 공회장(Foro Traiano)'은 가장 마지막 건물로 300m의 길이와 185m의 폭을 가진 '다마스코의 아폴로도로'의 건축물이다. 지금은 공동회의장으로 사용되던 '울피아 회당(Bilioteche)' 사이에는 '트라이아누스 원주(Colonna Traiana)'가 우뚝 서 있다.

'트라이아누스 시장(Mercati Traianei)'의 넓은 반원형의 현관에는 많은 상점들로 둘러 싸여 있고 건물 위에는 옥상도 있는데 이는 로마에서 가장 오래된 상업중심지의 잔재이다.

이곳은 높은 기초 위에 우뚝 선 '제니트리체 베레네의 신전(Tempio di Venere Genitrice)' 으로 지은 세 개의 원주만이 남아있다. 옛 공회장이 시민들을 수용하는데 협소했던 당시 시저의 '파르살리아' 전투를 기념해서 만든 회당이다.

건너편 옆의 '아우구스투스 공회장(Foro di Augusto)' 에는 기원전 42년 아우구스투스가 '필리피' 전투를 기념해 세운 '(복수의)마르스' 신전자리가 있는데, 현재는 회당을 받치던 몇 개의 석주만이 덩그라니 서 있다. 중세기 때 제국의 공회장에는 '로디 기사들의 집(Casa dei Cavalieri di Rodi)' 들이 들어서기 시작한다. 조금 떨어진 곳에 보이는 폐허의 잔해는 '베스파시아누스 공회당(Foro di Vespasiano)' 의 잔재들이다.

이제 방문객들은 수도원 옆의 '공회장 박물관(Musei del Foro)'을 방문할 수 있다. 우측 정면으로 보이는 '막센티우스 회당(Basilica di Massinzio)' 은 4세기의 건축으로 지금은 회당 본체에 세 개의 아치 부분만이 남아있다. 원래 35m의 높이였던 정면은 지금은 대부분 무너지고 25m의 벽면만 남아있다. 막센티우스에 의해 시작된 이 건축은 콘스탄티누스 시대에 완공되었으며, 현재 이 회당에서는 매년 여름밤마다 현대인들의 마음을 쉬어가게 하는 야외 음악회가 열리기도 한다.

고전문화의 우아함의 진수 **콘스탄티누스 개선문**

전승을 기념하기 위해 세워진 이 개선문은 로마인들이 건축사에 남긴 공로 중의 하나이나 특히 콜로세오 옆에 콘스탄티누스 개선문은 거의 완

벽한 모습이다. 315년 막센티우스와의 전투의 승리를 기념하여 만들어졌다. 기독교 신자인 황제의 조각은 거의 없고 기독교에 관한 흔적도 찾아볼 수 없다. 그 이유는 후기 로마 조각가들의 기술은 퍽 퇴보해 있었으므로 그 이전의 유적들에서 조각들을 떼어다 장식하였고 심지어는 다키아 전투에서 승전하는 '트라이아누스' 황제의 모습까지 장식되어 있을 정도이다. 남, 북 쪽으로 향한 아치의 양면에는 7개의 직경 2m의 부조된 원형 장식이 있고 이 중에는 선제 '아드리아누스' 의 모습도 보인다. 8명의 포로들이 보조된 조각은 '크라이아누스' 공회당에서 떼어 온 것이라고 한다.

영화 '로마의 휴일' 촬영지 **스페인 광장**

주로 유적지 탐방만을 하다보면 피로가 누적되기 십상이다. 그러나 50대 중반 이후의 세대들에겐 누구나 보고 즐기던 명화, 만인의 연인이

기도 했던 오드리 헵번과 그레고리 팩이 열연했던 영화 '로마의 휴일'을 기억할 것이고, 그 영화의 무대가 되었던 스페인 광장을 찾는 즐거움은 빼놓을 수 없다.

언제나 붐비는 곳이 스페인 광장인데 광장 중앙에 배 모양 대리석 분수가 있고, 그 주위에는 기타를 치면서 노래하는 사람, 로마를 여행 중인 이방인, 여유로운 오후를 즐기려는 로마 시민들로 항상 만원이다. 스페인 광장의 조각배 분수는 베르니니의 아버지에 의해 디자인된 것인데 물 위에 떠 있다기보다 점차로 가라앉은 폐선 같은 느낌을 주어 로마인에게는 '고물 배의 분수'라고도 불린다.

이 고물 배의 분수 가까이에 있는 것이 로마의 최고급 쇼핑가인 콘도티 거리로 이 거리에는 구찌, 페레가모, 발렌티노 등의 명품 상품 점과 유명한 도자기점인 '라카르드 지노리' 등의 상점들이 줄지어있다. 한편 구찌 상점 부근에는 키츠, 바이런, 괴테 등이 드나들었다는 카페 '그레코'도 있다. 광장 정면에는 영화 로마의 휴일로 낯익은 스페인 계단에 앉아 아이스크림을 먹는 아가씨도 있다.

그런가 하면 헝겊 위에 액세서리를 놓고 팔거나 갖가지 화사한 꽃들을 파는 사람도 있다. 계단을 오르면 고대 이집트의 오벨리스크가 서 있고,

그 뒤로 프랑스 고딕풍의 트리니카 데이 몬티 교회가 교회 왼쪽으로는 메디치가(家)의 저택과 정원이 남아있는 핀초 언덕이 있다. 핀초 언덕은 전망이 좋아 언덕 위에서 보면 테베레 강 너머로 산타젤로 성과 산 피에트로 대사원의 돔이 보인다.

오페라 '토스카'의 무대 **산타젤로 성**

오페라 토스카의 무대가 된 천사의 성 산타젤로 성을 찾아보다. 테베레 강을 가로질러 놓은 산타젤로 다리는 여러 개의 아치로 꾸며진 아름다운 다리로 그 위에는 베르니니가 디자인한, 그리스도의 수난을 상징하는 10개의 천사장이 조각되어 있다. 이 다리를 건너가면 곧바로 산타젤로 성이 보인다. 산타젤로는 성 마카엘과 관련되어 지어진 이름이다.

590년, 로마에 페스트가 급격히 번지어 많은 인명을 앗아가고 있을 때, 당시의 교황이었던 그레고리는 성 위에서 칼을 빼어 들고 병마와 싸우고 있는 성 미카엘 천사를 보았다.

그 일이 있은 후로 페스트는 깨끗이 자취를 감추었으며, 그레고리가 환영을 본 성에는 산타젤로라는 이름이 붙여지게 되었다. 사방이 두터운 성벽으로 둘러싸인 이 산타젤로 성은 직경 64m, 높이 21m의 웅장하면서도 안정감 있는 원통형 건물로 성의 맨 꼭대기에는 뽑았던 칼을 칼집에 꽂는 천사 브론즈 상이 높이 솟아 있다.

130년, 하드리아누스 황제가 자신과 그 가족들의 묘역으로 쓰기 위해서 처음 고안한 산타젤로 성은 교회의 요새로도 사용되었으며, 중세에는 사상범이나 정치범들의 감옥으로 사용되었다. 또한 전투 시에는 전투 기지로, 때로는 교황의 피신처로 사용되기도 하다가 현재는 무기 박물관이 되었다.

1527년, 샤를 5세의 군대에 쫓겨서 이 성으로 도망친 교황 클라멘스 7세를 스위스 위병들이 목숨을 걸고 지켰다는이야기는 유명하다. 몇 차례씩이나 피 비린내 나는 전쟁의 소용돌이에 휘말렸던 산타젤로 성에는 그 상처를 말해주듯 포탄에 맞아 얽은 자국이 벽면 이곳저곳에 남아 있다. 그러나 장구한 세월의 바람에도 굳건히 견뎌 낸 그 견고한 모습에는 변함이 없다.

산타젤로 성은 토스카와 카바라 도시를 주인공으로 하여 슬픈 사랑을 그린 푸치니의 오페라 '토스카' 의 무대로도 유명하다

그리스도 박해시대의 지하 예배소 **카타콤베**

다운타운을 잠시 벗어나서 택시를 타고 카타콤베로 가본다. 로마 아래로 두 번째 지하도시가 있음은 모두가 알고 있다. 재정리된 지역을 수백 킬로미터로 이어진 지하도, 지하 무덤들, 수로들, 지하의 시간들(지표하단의 건축), 수조, 갱도, 목욕탕 특히 공동묘지 터전으로 사용되었던 이 두 번째 도시는 아주 옛적 이교도(다신교 신앙)들의 시대까지 거슬러 올라가며 불법자들(초대 그리스도교인)이 신비의 식(미사)을 행하던 곳이기도 하다.

카타콤베는 기독교인들에게는 박해 초기에 순교한 교황들의 무덤에서 기도하는 장소였다. 중세기에 이 지하 미로인 카타콤베는 침략자들(야만인)로부터의 피난처가 되기도 한다. 적지 않은 숫자의 이 지하장소는 태양과 빛의 시기도 있었으나 충적층과 파편들은 시간 속에 묻혀 버린다. 이 또 하나의 로마(지하도시)는 특수한 지질덕분에 존재한다. 화산재의 탄산 석회질의 퇴적층으로 이루어져 있어 아주 단단하기는 하지만 곡괭이로 파기는 그리 힘들지 않다.

현재 여행자들에게 카타콤베는 초대 교회시대의 상징이다. 아빠아가

도 아래로 산 세바스티아노 카타콤베가 있으며 길이가 12km에 달한다. 보존된 여러 곳 등에서 아삐아의 산 칼리스토 카타콤베는 가장 잘 보존 되었으며 3세기에 여러 교황들의 무덤과 식스투스 2세와 성인들(세실리아 성녀)의 무덤이 있다.

아르데아티나 가도 변에는 도미틸라의 카타콤베가 있으며 순교자 '네레오'와 '아킬레오'에게 바친 성당이 있다. 살라리아 거리에는 탈피되어 순교한 마르첼로 실베스트로 리베리오 교황의 무덤이 있다. 마르첼리노와 삐에트로 성인의 카타콤베는 로마의 여러 카타콤베 중 가장 많은 장식이 되어있다.

끝으로 바티칸 지하의 옛 동굴에서는 베드로 성인의 무덤을 볼 수 있다.

다른 두 개의 지하유적으로 우리의 주의를 끄는 것은 '콜로세오'에서 300m거리에 위치한 '미트레오 디 산 클레멘터(미트라신전 위에 세워진 성 클레멘터)'로서 이 클레멘트 성당 지하로 내려가면 이교도들과 그리스도인들이 휘감는 느낌을 갖게 된다.

지하의 맨 아래쪽에는 페르시아인들의 신비스런 종교와 삶을 엿볼 수 있는 미트라 신(기원전 3세기 페르시아의 밀의 종교)에게 바친 동굴이 보존되어 있다.

모든 길의 여왕 **아삐아 옛 가도**

로마에서 가장 오랜 역사를 가진 이 길은 가장 유명하고 가장 길고 그리고 가장 곧바른 길로서 거의 완벽하게 보존되어 있다. 카라칼라 목용

장에서 시작되는 이 길은 90km의 도로가 직선으로 이어져 테라치나(도시명)를 지나 베네벤또(도시명)를 거쳐 브린디시(항구도시명)에 도착한다. 이곳 브린디시에서는 동양과 물물 교류시의 모든 혼잡이 해결된다.

길의 여왕, 즉 모든 길의 여왕으로 불리는 이 길은 기원전 312년 정치가 아삐오 크라우디오에게 바쳐진다. 이 공사는 기원전 190년 전후까지 계속되며 로마에서 시작한 길은 브린디시에서 끝난다. 제국의 멸망과 함께 방치 되었다가 르네상스시대에 재발견되었지만 금세기에 들어와서야 현재의 모습이 된다. 최고로 정예된 도로공학기술로서 1900년대에 와서 그 기술을 재현시킨 것. 아삐아 가도는 서로 다른 네 층으로 포장되며 4.1m의 길 폭에 옆으로는 도보통행로도 있고 나무들이 있었으며 도시 밖에 무덤을 두던 옛 풍습으로 인해 길옆으로는 많은 귀족들의 무덤이 있었다.

오늘도 이 길을 지나면 그 시대의 마차들, 오가는 사람들, 병사들, 장사꾼들의 모습을 쉽게 떠올릴 수 있는 것만 같다. 또한 비교적 보존이 잘된 거대한 카라칼라목욕장(현재는 여름 야외 오페라 공연장)과 산 칼리스토 카타콤베, 고대 로마 귀족들의 무덤들이 행렬을 이룬다. 방대한 규모의 카라칼라 목욕장은 카라칼라 황제시대인 212년 건축되었으며(1600명 수용가능), 체육관, 욕탕, 음악실, 지하방들이 있다. 약간의 바닥 모자이크를 제외한 그 화려하던 장식은 거의 없어졌으나 파르네제궁의 '황소와 헤라클레스'는 이곳에서 발견된 고대예술이다.

이것으로 로마에 대한 기행문을 마치며, 다음에는 로마의 남부인 나폴리와 폼페이에 대한 이야기를 연결해 풀어보기로 한다.

이탈리아 2

전통이 살아 숨 쉬는 도시

열정과 꿈 그리고 꽃의 도시 속으로

이탈리아 남부의 중심도시 **나폴리 폼페이**

이탈리아의 정치수도인 로마 시가지를 벗어나 남부의 매력이 숨 쉬는 나폴리 폼페이로 간다. 로마 중심부의 가득한 정체를 빠져나와 리무진을 타고 남쪽으로 향하면 휴식시간을 포함하여 2시간 30분가량 걸린다. 나폴리 시내를 꼼꼼히 관광하자면 이틀이 소요된다고 한다. 이곳은 눈부신 태양과 푸른 바다가 넘실대는 산타루치아의 고향이기도 하며, 세계 3대 미항의 하나로 남부 이탈리아 캄파니아의 주의 행정중심 도시다. 전형적인 지중해성 기후로 연교차가 적고 평균 기온이 섭씨 8도 이하를 내려가지 않는 나폴리는 이탈리아의 여러 도시 가운데서도 가장 날씨가 좋아서 고대 로마 시대에는 아우구스투스, 네로 황제 등이 즐겨찾던 피서지였다.

기원전 7세기경에 고대 그리스인이 처음 이주해 오면서 나폴리의 역사는 시작되었다. 나폴리라는 이름도 신도시를 뜻하는 그리스어 'Neapoles'에서 유래된 것이다.

고대 로마 시대에는 번영했던 항구도시였고 로마 제국이 쇠퇴하면서는 고트인과 롬바르디아인 등의 지배 하에 들어갔던 나폴리는 이윽고 남이탈리아를 지배하는 나폴리 왕국의 수도가 되었으며, 12세기에 들어서면서 시칠리아 왕국에 병합되었다. 그 후에도 독일, 프랑스의 지배를 받았는데 이러한 파란만장한 과정 속에서 다양한 문화를 섭취하여 독특한 나폴리 만의 문화를 이룩하였다.

나폴리 항은 1924년에 확장된 이후로 급속이 발전하여 식료, 섬유, 피혁, 금속, 화학, 기계 등의 공업이 발달하여 남이탈리아의 중심 도시로 번영하였다. 그리고 베수비오화산이나 나폴리 만의 아름다움, 나폴리 민요, 요리 등으로 세계에 널리 알려진 관광지가 되었다. 강렬한 태양이 비치고, 짙푸른 바다와 구름 한 점 없는 맑은 하늘이 펼쳐진다. 밝고 쾌활한 사람들이 사는 곳, 이런 나폴리는 이탈리아라는 거대한 무대

위에 전개되는 한 편의 멜로드라마와 같이 통속적이며 지극히 감상적이기도 하지만 아기자기하고 재미있는 곳이기도 하다.

나폴리에서도 가장 나폴리답다고 하는 스파카나폴리(Spaccanapoli)를 비롯하여 볼만한 곳이 몇 군데 있다. 그중에서도 반드시 보아두어야 할 곳이 나폴리 고고학 박물관이다. 이곳에서는 그리스, 로마 미술품이 소장되어 있는데 소장품은 각 층에서 나뉘어 전시되고 있다.

1층은 조각실로서 제 1, 2 황금시대와 그리스 시대 및 이집트의 조각, 초상화, 청동기들이 진열되어 있으며 그중 1층에는 고대 폼페이의 발굴품이, 그리고 2층에는 에르콜라노에서 출토된 옛날의 일상 용품이 전시되어 있다. 이 밖에 이탈리아 3대 오페라 극장의 하나인 산 카를로 극장이나 누오바 성, 나폴리 민요로 알려져 있는 산타루치아, 달걀성도 볼만하다.

나폴리는 교통의 요지이기도 한데, 널리 알려진 휴양지인 카프리 섬과 소렌토로 가는 배, 그리고, 에르콜라노, 베네벤토, 파에스툼 등의 고대 도시를 연결하는 철도가 나폴리에서 출발한다. 그 중에서 파에스툼은 꼭 한번 들러 볼 만한 곳이다. 그리스의 식민지로 건설된 이 도시에서는 그리스에 있는 신전보다 더 아름다운 신전을 감상할 수 있다.

고대 로마 황제들의 휴양지 **카프리**

나폴리 항에서 약 1시간 30분이 걸리는 카프리섬은 전체가 바위산으로 되어있는 자그마한 섬이다. 고대 로마의 황제였던 아우구스투스는 이 섬에서 10년 동안 살았으며 폭군이었던 티베리우스도 이 섬에 별장을 지어놓고 자주 찾았다고 한다. 카프리 섬에서 가장 볼 만한 곳은 푸른 동굴이다. 마리나 그란데 항에서 배를 타면 푸른 동굴의 입구까지 갈 수 있는데 그 곳에서 작은 보트로 갈아타면 동굴 속에까지 들어갈 수가 있다. 동굴 안은 높이가 150센티미터 정도이다.

돌아오라 소렌토로! 이곳을 찾아가는 가장 편리한 방법은 나폴리에서 출발하는 관광투어버스를 이용하여 1시간 정도 이동하는 방법이 가장 좋다. 소렌토 반도의 북쪽 맨 끝에 있는 도시 소렌토는 관광과 휴양의 도시인 동시에 우리들에게 '돌아오라 소렌토로' 라는 이탈리아 민요로 더욱 잘 알려진 곳이다. '아름다운 저 바다와 그리운 그 빛난 햇빛 내 맘속에 잠시라도 떠날 때가 없구나. 향기로운 꽃 만발한 아름다운 동산에서 내게 준 그 귀한 언약 어이하여 잊을까'. 이 노래 가사에도 나와 있듯이 소렌토는 기후가 온화하고 경치가 좋아 많은 관광객이 즐겨 찾는다.

로마인의 비탄 **폼페이와 베수비오**

폼페이는 나폴리에서 동쪽으로 22km지점에 위치하고 잇다. 오늘날 폼페이는 전 세계 여행객들이 방문하는 곳으로서 아직 일부분만이 발굴되어져 있고 60헥타르의 폐허가 펼쳐져 있다. 기원후 79년 8월 24일 이전에는 상업에 종사하는 3만 명의 시민들이 생활하던 전성기의 도시였다. 9월의 삭일(로마의 옛 달력)이 되기 아흐레 전에 믿을 수 없을 만큼 커다란 구름 모양의 화산재와 독가스와 자갈들로 뒤덮였다. 폼페이는 석회석으로 보존된 시신들이 출토되었다.

옛 폼페이의 전성기에는 아름다운 공공의 건물과 화려한 개인의 집들이 있었다. 로마에 의해 '폼페이'라는 이름이 붙여지기 전에는 산니티 족의 도시였다. 로마에 항거하기도 했으나 그 후 그들에게 정복되어 로마의 속국이 된다. 그 후에는 그리스와 에트루스키와 산니티의 영향을 받기도 했다. 폼페이의 도시공학과 건축술은 그리스 신전양식과 이탈리아 양식이 복합적으로 나타난다.

79년 화산 분출은 여러 세기동안 잊힌 역사였으나, 1799년대의 첫 발굴이 있었고 1800년대에 와서 과학적이고 체계적으로 발굴되기 시작한다. 현재도 적지 않게 남아있는 유적을 발굴하고 있으며 발굴된 유적을 보존하는 작업도 그에 못지않게 계속되고 있다. 이 발굴은 옛 도시의 역사나 한 민족의 역사를 문서화하는 중요한 가치를 지니고 있다.

그 외에도 폼페이 폐허의 방문이나 연구는 고대 로마의 예술을 이해하는데 매우 중요하다. 몇 개의 벽화들을 살펴보면 4세기 동안 네 가지의 다른 형태의 그림들이 있는데 응결된 그림이라는 뜻의 '피투라 아인크로스타지오네', 벽을 꽉 채워 그린 그림으로 '빌라 데이 미스터리'가 있고 '아모리나' '카사디페티' 마지막으로 '건축공학의 환상'은 바로크 푸오가 흡사한 화려함을 보여준다.

모자이크 역시 중요하다. '카사 디 파우노'의 '알렉산드로의 전투'는 매우 상징적이다. 수많은 대리석 조각들과 청동산 토기들은 그리스의 걸작들을 모방한 작품들로 헬레니즘의 영향을 받았음을 증명하고 있다. 아폴로 신전의 아폴로와 다이애나, 비파를 연주하는 아폴로, 페보 등의 이름 있는 집들과 무용수 파우노와 '멧돼지에게 덤비는 개'가 있다.

짧은 방문으로 폼페이 폐허의 깊은 의미를 알기란 쉬운 일이 아니다. 폼페이의 정치와 종교와 경제의 중심인 공회장과 아름다운 회당

(Basilica)은 잊을 수 없는 장소이다. 거의 모든 기둥이 남아있는 아폴로 신전과 엄숙한 베스파지아누스의 신전, 그리고 죠배(제우스)의 신전 공회장의 목용장이 있다. 인상적인 공동묘지 길, 화려하고 아름다운 빌라데이 미스터리에는 고대의 상징적인 그림들로 둘러져 있다.

방에는 아직도 살아있는듯 한 장면의 사람 실물크기 그림들이, 폼페이의 아름다운 붉은 색으로 그려져 있고, 술의 신 디오니소스(디오니시오)신의 신비스러움은 기원전 1세기의 무명의 작가에 의해 그려졌다. 페리스틸리오(그리스와 로마의 건축 양식으로 기둥이 나란히 선 모양)의 아르모리니의 집과 손상되지 않은 베티의 집(카사 디 베티), 대극장과 소극장이 있다. 끝으로 천재지변에 의해 굳어진 길들과 옛 상점들과 행상들과 가재도구들이 전시되어 있다. 폼페이 전체를 조망해보면 아직까지]도 생생하게 느낄 수 있는 역사의 참극이 묵상할 기회를 준다.

파괴와 축복의 산 **베수비오**

캄피 프리그레이(Campi Flegrei)의 수많은 분화구들의 캄파니아의 화산 폭발 풍경은 여러 섬들로 둘러싸여진 나폴리 만(Golfo ki Napoli)이 1000년 동안 지배하는 베수비오(Vesuvio)의 위협을 받고 있다 1200년 전 지진 후에 형성된 이 화산은 유럽 대륙에서 유일한 활화산으로 여러 번 모양이 바뀌었다. 옛날에는 해발 2000m이었으나 지금은

고대이탈리아 베수비우스 화산 폭발시 폼페이에서 발견된 시민의 성애장면

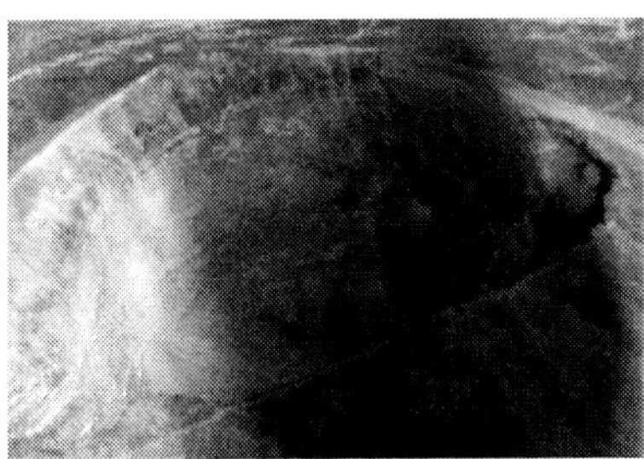

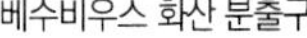

베수비우스 화산 분출구

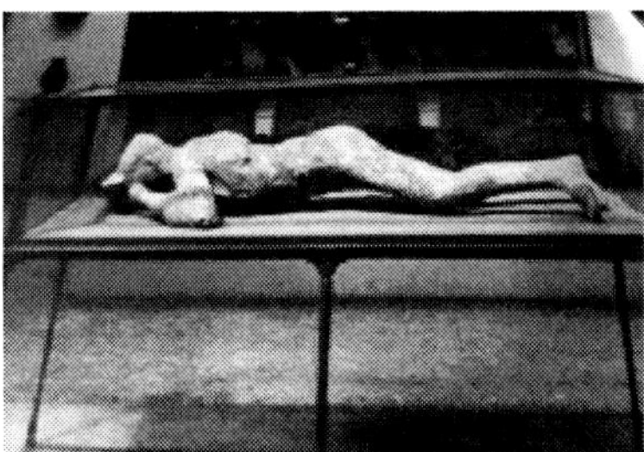

베수비우스 화산 분출로 인한 희생자 시체

1279m로 작아졌다. 1944년에 마지막 분출 이후에는 파르테노페오 화산의 분화구에서 항상 피어오르던 연기조차 침묵하고 있다. 베수비오는 축복과 동시에 파괴이기도 하다. 기원 후 79년 이후 여러 번의 분출을 거치는 수세기 동안 주변의 도시들은 파괴되고 죽음으로 덮었으나, 그 분출 후 주변의 땅들은 비옥해졌고 식물들의 성장 작용이 풍성해졌다. 그 숲과 포도밭의 풍성함은 고대문학가인 디오도로 시쿠로, 비트루비오와 스트라보네에 의해 전해진다.

기원 후 79년에 있던 엄청난 비극은 폼페이와 에르콜라노를 파괴시켰으며, 그 이전 63년에는 먼 곳에서 무서운 화산폭발을 지켜본 젊은 플라니오가 글로 남겼다. 갈라진 산의 한 면에 2km의 틈 사이로 불꽃이 튀고, 진흙이 끓고, 가스, 용암, 돌들이 붉게 달아오르고, 재들이 있었다. 그 이후 일정한 주기 없이 여러 세기동안 크고 작은 분출이 있었다.

아직도 전해져오는 극심한 분출을 꼽는다면 472년, 992년, 1038년, 1500년이 있다. 1631년에는 10여 곳에서 동시에 용암이 흘러내려 여러 지역을 파괴하고 4000명을 사망케 한적도 있었다. 1906년에 있던 대 분출 때에는 베수비오의 200m의 산 정상이 깎여나가 그의 모습마저 바뀐다. 현재, 베수비오의 산 정상은 각각 다른 크기의 두 개 봉우리로 형성되며, 하나는 북쪽에 다른 하나는 남쪽에 있다. 화산은 해발 50m 둘레 40km이다. 솜마(Monte Somma)라고 불리는 봉우리는 1132m이고 베수비오 봉은 1270m이다.

경탄스러운 이 화산을 방문해 보는 가장 편리한 방법은 헤시나(Resina, 에스콜라노 옆)에서 출발하는 것이다. 지네스트레의 평원

(Piano delle Ginestre)을 지나 탄산 석회석의 카테로니 언덕(Clle Margherita)을 지나면 마침내 분화구 언저리에 도달한다.

어느덧 이탈리아의 중남부 여행이 끝내고 7일차 북부지역의 첫 여정지인 피렌체와 피사를 탐방하기로 한다. 여기서 고백하건데, 필자는 이 지구상에 존재하는 2백여 국가들, 이 중에서 160개국을 여행해 본 우리나라 제일의 여행가임을 친지들에게 떠벌리고 다니면서도, 현지 음식에는 적응하지 못하는 촌놈임을 숨길 수 없음을 이번 이탈리아여행에서도 여실히 깨닫고 말았다.

왜냐? 어딜 가나 분신과 같이 가지고 다니는 고추장과 풋고추 팩소주가 바닥이 나서 입맛이 없었기 때문이다. 필자는 아직 일주일 안팎의 남은 여행을 기분 좋게 끝낼 수 있을지 걱정을 하고 있는데 가이드의 말이 북쪽지방에도 한국 식당이 몇 군데 있으니 걱정하지 말고 거기에서 보충하면 되지 않겠느냐는 말이다. 믿거나 말거나 어찌 되었던 간에 피렌체로 간다.

르네상스가 피렌체, 피렌체가 르네상스다 **피렌체**

인터시티(특급버스)를 타고 로마에서 종착지인 산타마리아 노벨라 역에서 내리니 2시간 30분이 소요되었다. 창밖의 경치를 즐기면서 지금까지 여행한 이탈리아의 중, 남부 지방을 마음속으로 정리하여 보는 것도 기행문을 쓰는 자의 준비된 자세가 아닌가 생각하는 사이에 벌써 종착역에 안착한다.

이탈리아 토스카나 지방의 에빌리아 지방 사이를 질주하는 북아페닌 산맥, 그 경사진 들판에 넓게 펼쳐진 평야를 아르노 강이 유유히 흐른다. 피렌체는 이 아르노 강을 따라있고, 이탈리아 반도 중앙보다 조금 북쪽에 위치하고 있다.

이미 선사시대, 기원전 8세기경에 빌라노반문대를 가진 고대 이탈리아인이 아르노 강과 무니요네강 사이지역에 정착하고 있었다고 알려져 있지만, 더 먼 옛날시대에 대해서는 잘 알려져 있지 않다. 기원전 59년경에, 정방형 고대 로마 도시가 건설되었다. 현재 비아 델코르소, 비아 델 스페찌알리, 스토로찌 거리 주위에 고대 로마군 제 10군단이 주둔했고 또 현재 피아찌 산 죠바니, 비아로마, 비아카라칼라를 잇는 선이 고대 카르도에 해당한다.

그러나 이 고대 로마 도시에도 이교도가 진공해 왔다. 피렌체는 먼저 동고트족에게 포위되었지만, 간신히 저항하여, 로마 장군 스틸리꼬네 군세가 이 외적에게 압도적인 패배를 안겨주었다.

그럼에도 불구하고 피렌체교외 지방은 동고트족에게 빼앗겨 버렸다. 다음에 비잔틴 족이 공격해와 피렌체는 539년에 점령되어 버린다. 또한 541년에는 고트족이 이 도시를 점령했다. 피렌체는 그 후 롬바르드족 지배(570년)하에 자치권은 간신히 유지할 수 있었다.

그러나 계속되는 프랑크족 지배 하에서 주민 수가 감소하고, 도시는 영역의 대부분을 잃었다. 1000년경에는 사태가 호전되어, 이 '백합의 도시'는 몇 번의 항쟁, 저주, 살육을 반복했음에도 불구하고, 몇 세기에 걸쳐 번영한다. 피렌체 도시 주변으로 새로운 성벽을 축성하고, 시민들의 건물과 교회가 신축되었다. 그 때를 같이 하여 예술과 문화, 그리고 무역이 번성했다.

1089년 피렌체는 자유도시가 되었다. 그렇지만 실제로는 이미 그 수년 전부터 도시는 자유를 행사해왔다. 마침 이 해에 구멜피당과 기벨리니당의 최초의 충돌이 있었다고 기록되었다. 즉 구멜피당은 로마교황을 옹호한 당파이고, 여기에 대항한 기벨리니당은 로마황제에 가담한 당파였다. 연이어 일어난 항쟁은 1268년까지 계속되어서 도시 시민조직을 가르는 결과가 되었다.

사회적으로도 정치적으로도 이처럼 불안정한 상황이 계속되었지마는 예술과 문화 분야에서는 그 활동이 최고조에 달했다. 그것은 단테 시대와 지오토와 아르놀포 · 디 · 캄비오 시대였다.

15세기가 돼서도 도시 부흥은 계속 되었다. 피렌체는 무역도시였지만, 동시에 이탈리아 최후의 유럽의 새로운 문화발상지였다. 많은 강력한 패밀리(피띠가, 플레스코바르드다가, 스토로치가, 알비치가 등)가 도시의 주권을 둘러싸고 대립했다. 이윽고 그 가운데 한 가문이 정상에 섰다. 그 유명한 강력한 은행 패밀리 '매디치가(家)'이다.

매디치가는 뒤에 장로로 알려진 창시자 코시모 1세를 비롯해서, 18세기 전반에 이르기까지 도시를 지배하고, 피렌체를 인문주의와 르네상스 시대의 빛나는 별로 변화시켰다. 이 시대에 피렌체의 명성은 절정에 이르렀다. 1737년에 메디치가는 로레나가로 바뀌고, 이 시점에서 피렌체 문화의 위대한 시대가, 예를 들어 끝나기 시작했다고 전해지지만, 정치적으로는 온건한 자유방임주의가 계속되었다.

1860년 이탈리아 해방통일운동이 한창일 때, 토스나카지방은 국민투표에 의해 이탈리아 왕국으로 병합되고, 피렌체는 한 시기의 수도가 된 적도 있다.

메디치가 영광의 흔적 **우피치 미술관**

베네치아에서 꼭 가봐야 할 곳 중의 하나가 우피치 미술관이다. 우피치 미술관은 이탈리아와 세계에서 가장 유명한 회화 미술관중 하나이다. 피렌체파 그림의 중요한 작품과 명작을 전부 모아 전시하고 있다. 또 다른 이탈리아파(특히 베네치아파)나 프란들파 그림을 비롯하여, 유명한 자화상 수집품 등 볼만한 것이 많다 또 회화뿐만 아니라 고대 조형상이나 각종 타페스트리도 전시되고 있다.

우피치 미술관은 원래 행정과 사법청사로 사용되기 위해 메디치가가 죠르죠 바사리에게 설계를 의뢰한 것이다. 우피치의 이름은 여기에서 유래한다.

건설은 1560년에 시작되어 20년 후에 완성, 밑의 계단이 러시아 풍으로 되어있는 2개의 운구와 아르노 강 옆에 아치형을 한 제 3운구가 결합해서 건물을 구성하고 있다. 안뜰의 양 사이드에 있는 쭉 뻗은 각기둥에는 격간이 붙어 있고, 거기에 19세기의 저명한 토스카나인 조각상이 끼워져 있다. 3층에 로찌아가 있다. 갤러리는 3층에 있다. 피렌체 도시의 역사를 이야기하는 중요한 자료를 보관하는 국립기록보관소도 이 건물 안에 있다.

1층에 있는 로마네스크 양식의 산 피에트로 스케라쪼 교회는 1971년에 발견 수복된 것으로 안드레아 델 카스카뇨의 프레스코화가 아름답다. 2층의 수채 · 스케치화 · 판화 전시실에는 메디치 가문의 명령에 의해 수집된 카르디날레, 레오폴드, 디아 와 같은 작가들의 작품이 전시되어 있다. 1737년 메디치가 단절 때부터 이 위대한 미술관은 공용세습재산이 되었다. 영광의 메디치가 최후의 사람, 안나 마리아 루도비가 데이 메디치의 보물이다.

화려한 성전 **두오모**

1294년, 길드조합이 아놀포 디 캄비오에게 당시 거기에 있던 산타 레파라타 교회 자리에 새로운 카테드랄(가톨릭교회의 대주교가 있는 성당) 건립을 의뢰했다.

이 새로운 카테드랄, 즉 두오모는 1296년 9월8일에 착공되었다. 지오토, 안드레아 피사노, 프란체스코, 탈린티 등 많은 저명한 건축가의 지휘를 거치면서, 산타 레파라타 교회는 해체되고, 아놀포에 의해 일부

변경된 설계로 1375년까지 계속되었다. 돔 건설은 설계 콩쿠르에서 브르넬리스키가 우승한 1420년에 비로소 시작되었다. 1434년 공사가 종료되고, 그 2년 후에 교회가 봉헌되었다.

안으로 들어가 보면, 두오모는 높이 153미터, 주 복도 길이와 옆 복도의 폭이 38미터, 주 복도 길이와 딸린 복도의 폭이 90미터로 세계에서 4번째로 큰 성당이다. 배후에 높은 재단(바치오 반디넬리作)이 있고, 3개의 후진과 사교자로 둘러싸여, 그 각각이 5개의 방으로 구분되어 있다.

다채로운 대리석으로 깔린 세공마루는 1526년부터 1660년에 걸쳐 바치오와 쥴리아노, 다뇨로, 프란체스코다, 산갈로 등에 의해 제작되었다. 왼쪽 복도와 벽 위에 있는 2개의 기마상 기념비는 죠반니 아쿠토와 니꼴로 다 또렌티노 상이 있다. 이는 1456년에 안드리아 델 카스타뇨가 제작한 것으로 알려지고 있다.

피렌체의 하이라이트 **지오토 종탑**

두오모 바로 옆에는 높이 82미터의 탑이 서있다. 이는 두오모 건설 총감독이었던 지오토에 의해 착공되었다. 1337년에 지오토가 죽을 때까지 종탑의 기초가 건축되었다. 이후 안드레아 피사노, 루카 델라 롭비아, 알베르또 아르놀디와 그 공방에 의해 6각형과 장사방형의 레리드로 장식된 2개의 폐쇄된 층계가 추가되었다.

그 후 지오토의 후임이 된 안드리아 피사노에 의해 2개의 윗층이 완성되고, 또한 1350년에서 1359년 사이 프란체스코 탈렌티에 의해 꼬여진 기둥이 붙은 채광창과 파풍창이 있는 2개층과 삼채광구가 있는 한 개 층이 증축되어 종탑은 완성되었다.

메디치가의 근거지 **베키오 궁전**

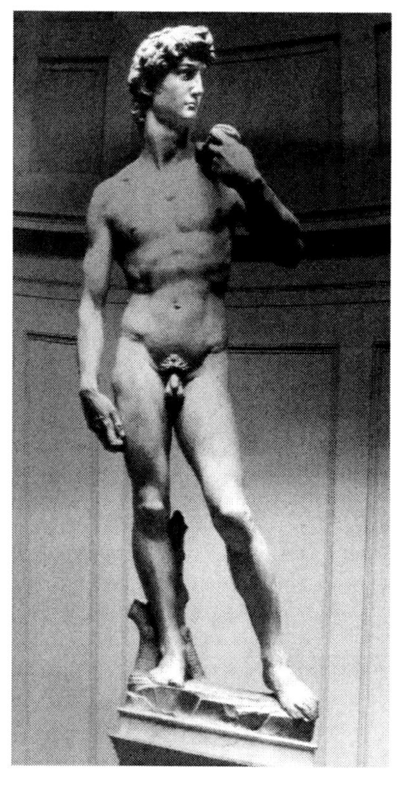

베키오 궁전 앞에는 미켈란젤로作 다비드상의 복제물을 비롯해서 반디넬리作 헤라클레스와 카구스군상 등, 여러 가지 조상이 진열되어있다. 다비드상의 원본은 1873년에 복제물로 바뀌었다.

파사드 상부에는 그리스도 모노그램을 부조한 메달리온이, 청색의 2마리 사자 상으로 둘러싸여, 파풍이 장식되어있다. 이 메달리온은 1441년 코시모 1세의 명령에 의해 여기로 옮겨진 것이다. 안으로 들어가 보면 바사리作 프레스코화와 금박을 씌운 코람이 있다.

미켈로조 안뜰 중앙에는 베로키오가 만든 고기를 잡는 천사 분수가 있다. 이 안뜰을 통해 바사리作의 넓은 계단을 오르면, 웅장한 살로네 디 친퀘첸트와 프란체스코 1세의 스튜디오로 나온다.

이것도 바사리에 의해 만들어진 것으로, 브론지노, 산티 디 티토 스트라다노가 그린 패널화와 잠보르냐와 앙마너티에 의한 브론즈상이 방을 호화스럽게 장식하고 있다.

살로네 디 친퀘첸트에서도 공부아파트로 출입할 수가 있다. 회화와 프레스코화로 장식된 방이 이 밖에도 다수 있다.

현재 시장과 시의회가 사용 중인 레오 10세 홀, 16세기 피렌체를 세밀하게 그린 바사리작인 유명한 프레스코화 「피렌체의 포위」가 있는 크레멘트 7세의 홀, 쵸반니 달레 반디 네레의 홀, 코시모 노장 홀, 로렌쪼 원수의 홀, 코시모 코시의 홀이 있다. 이상이 피렌체 투어의 하이라이트라고 말할 수 있다.

예술과 학문의 도시 **피사(PISA)**

피사는 피렌체 중앙역에서 버스로 50분 거리다. 피사의 사탑으로 유명한 이 고장은 피사노를 비롯한 예술가와 천재 갈릴레오 갈릴레이를 낳은 학문과 예술의 도시이다.

피렌체에서 서쪽으로 약 90km지점에 있는 피사는 아득히 먼 에트루리아 시대에서부터 도시로 발달했고, 11~13세기에는 베네치아 · 제노

바와 어깨를 겨루던 항구도시가 되었다. 사탑 등 옛 건물을 보면 당시의 영화와 부의 정도를 상상할 수가 있다.

세계 불가사의 **피사의 사탑**

세계 불가사의 중 하나라는 피사의 사탑(斜塔)은 피사를 대표한다고 해도 좋을 만큼 유명하다. 대성당의 종탑으로 지어진 이 탑은 완성되기 이전부터 약한 지반 탓으로 조금씩 기울기 시작했다. 지금은 여러 번에 거친 보수공사 끝에 더 이상 기울어지지는 않는다고 한다.

탑의 높이는 북쪽이 55.22m, 남쪽이 54.52m로 70cm의 차이가 난다. 이 사탑은 1174년에서부터 1350년까지 무려 176년이나 걸려 완성시킨 것이다. 탑의 정상까지 오르기 위해서는 294개의 계단을 올라가야 하는데 사탑의 정상에 올라서면 중세의 분위기가 짙게 배어있는 피사 시가지가 한눈에 내려다보인다.

이 피사의 사탑은 갈릴레이가 낙하의 법칙을 실험한 곳으로 알려져 있다. 그는 사탑에 올라가 무거운 포환(砲丸)과 가벼운 포환을 동시에 떨어뜨려 두 개가 동시에 떨어지는 것을 보았다.

그것으로 무거운 것이 가벼운 것보다도 더 빨리 떨어진다고 한 아리스토텔레스의 주장은 사실이 아님이 밝혀지게 되었다. 갈릴레오 갈릴레이는 1564년 피사의 수학자였다.

그는 처음에 아버지의 희망에 따라 피사 대학의 의과를 지망했으나, 기하학 강의를 듣고는 수학과 물리학에 더 많은 흥미를 느껴 학위를 취득하지 않은 체 대학을 그만두고 집에서 수학을 공부했다.

그때 쓴 수역학에 관한 논문이 한 후작(侯爵)의 눈에 들어 갈릴레이는 토스카나의 대공(大功) 페르디난드 드 메디치의 후견(後見)으로 피사 대학에서 수학 강의를 맡기에 이르렀다.

앞에서 보았듯이 그는 진자의 등시성과 낙하의 법칙을 발견하였고, 자신이 직접 제작한 망원경을 가지고 달 표면을 관찰하여 이전까지 매끈하고 스스로 빛을 발하는 것으로 알려졌던 달 표면이 사실은 울퉁불퉁하며 부식된 동판같이 거칠다는 것을 알게 되었다.

그러나 그 당시 그리스도교는 천동설을 지지하고 있었기 때문에 코페르니쿠스의 체계를 전폭적으로 지지하는 저서였던 「천문학 대화」를 펴낸 갈릴레이는 이단 죄로 종교재판에 회부되었다. 재판에서 다시는 지동설을 주장하지 않겠다는 약속을 하고 나오면서 갈릴레이는 혼자 중얼거렸다고 한다. "그래도 지구는 돌고 있다."

진자의 원리를 발견한 곳 **피사 두오모 성당**

이곳은 피사에서 두 번째로 꼭 스치고 지나가야 할 곳이다. 이탈리에에서 가장 오래된 성당. 1118년에 완성된 피사 로마네스크 양식의 건물, 중앙의 돔 아래에 있는 조반니 피사노가 만든 설교단은 꼭 보아둘 만하다. 설교단 옆, 천장에서 늘어져 있는 청동 램프는 갈릴레이가 '진자의 원리'를 발견하는 열쇠가 되었다고 한다.

여행 중 누군가 농담으로 우리나라 경우 불국사 다보탑에서 진자의 원리를 발견하였으면 더 좋았을 것을 하고 한마디 던진다. 싱거운 소리지만 그래도 한바탕 웃었다.

이탈리아 3

그 마지막 이야기 속으로

물의 도시 '베네치아' 와 문화의 도시 '밀라노'를 가다

반도 전체가 거대한 박물관과도 같은 이탈리아 중에서 물의 도시 '베네치아' 와 경제와 문화의 도시 '밀라노'를 끝으로 아쉬움과 함께 마무리 짓는다.

석호의 도시 **베네치아의 역사**

베네치아는 물 위에 떠있는 세계 유일의 도시로 120개섬이 400개의 다리로 연결되어있는 모습이다. 15세기 동안 쌓인 역사의 매력이 이 도시 곳곳에 스며들어있다. 베네치아의 기원은 야만인인 훈족의 침입을 피하기 위해 베네치아 가까이 있던 아퀼레이아, 몬셀리세, 알띠노 등에 거주하던 사람들이 석호로 둘러싸인 섬들로 이주한 때부터라 한다. 처음에는 마을을 이루다가 점차 발전하여 도시가 되었다. 약 7세기에 이르자 주민들은 자체적으로 그들의 지도자를 뽑았고 비잔티움 황제로부터 인정을 받아 자치를 시작했다.

이를 '도제'라고 하는데 전하는 바에 따르면 697년 최초의 도제 파올로 루치아나페스토가 선출되었다고 한다. 처음에 비잔티움 제국과 베네치아의 관계는 우호적이었으나, 그 후 적대적인 관계로 바뀐다. 822년 이집트의 알렉산드리아에서 베네치아로 라틴의 성인인 마르코(마가) 성인의 유해를 모셔옴으로써 베네치아는 종교적 국가임이 입증되었고, 이로써 비잔틴과의 악연도 마무리 된다. 832년에 동방 비잔틴 양식으로 지어진 두칼레 소성당이 라틴의 마르코 성인에게 헌정되며 그 후 '날개 달린 사자'는 베네치아 공화국의 상징이 된다.

베네치아는 피사, 아말피, 제노바와 같은 도시국가들과 함께 아드리아 해와 지중해뿐만 아니라 동방까지 정복했다. 11세기에는 이미 강대국이 되어 십자군 원정의 시발지가 되었다. 베네치아 사람들은 여러 곳에서 거대한 거항지를 만들어 이집트와의 경제 관계도 맺고, 마르코 폴

로는 아시아까지 가게 된다. 베네치아의 대형 범선은 양모, 비단, 목제, 금속 등을 가득 싣고 출발하여 돌아올 때는 향신료, 밀, 보석 등의 물건을 싣고 유럽을 두루 거쳐 갔다. 제노바 공화국이 베네치아와 같이 해상에 관심을 가지면서 이슬람의 강력한 오스만 터키와 대립하기 시작한다. 육지에서는 밀라노의 비스콘티가의 힘이 커지기 시작하면서 베네치아와 대립하기 시작했다.

이 도시는 성공적인 정치제도를 갖추어 공화국을 균형적으로 운영했다. 국가의 수장은 최고의 결정권을 가진 '도제'이지만, 정부를 군주국화하지 않기 위해 도제를 견제할 기구대표의회, 10일 의회 등을 만든다. 그 조직은 처음에는 귀족들로 구성되었으나 후에는 부유한 상인들도 포함된다.

13세기에 베네치아는 여러 번의 시련을 거친다. 땅에서는 시민들의 숫자를 반으로 줄인 흑사병, 바다에서는 제노바와의 전투가, 변방에서는 오스만 터키와의 전투에서 여러 번 패배해, 위협이 커지고 있었다. 베네치아의 전성기는 1400년대이다.

공화국은 치프로(사이프러스 섬)까지 정복한다. 육지에서는 파도바, 비첸차, 베로나까지 정복했으며, 그 후에는 프리우리까지 정복 한다. 베네치아가 얼마나 강력했는지 프랑스와 교황청은 베네치아에 대항해 캠브레이 협정을 체결한다. 그러나 그 후 교황청은 정책을 바꾸어 베네치아와 화해한다. 그 시대 베네치아는 예술과 문화에 있어서도 전성기였다. 피렌체에서 탄생된 르네상스는 레온 바띠스따 알베르띠와 도나텔로와 그들의 제자인 삐에로 롬바르도, 마우로 코두치를 통해 베네치아까지 확산된다. 르네상스적 합리성과 조화는 베네치아의 아름다움에 새로운 건축을 시도하게 한다.

복음사가 산 죠반니 공방, 산마르코 공방, 벤드라민궁, 코르네스 스피넬리 궁, 기적의 성당 같은 새로운 건물들이 만들어진다. 1500년대 초에는 산 소비노에 의해 산마르코 광장의 도서관이 탄생된다. 이런 건물들의 내부와 주변에는 티치아노, 틴또레토, 죠르죠네, 야고보 다바사노와 같은 대가들의 대표적인 작품들이 그려지며 토스카나 풍의 선과 그림에 베네치아의 색깔이 첨부된다.

역설적이게도 베네치아의 몰락은 1571년 레판토해전의 승리와 함께 시작된다. 레판토 전투는 베네치아와 오스만 터키의 마지막 전투이며, 스페인의 왕 빌립보 2세와 교황 비오 9세와의 '산타 조약'에 의해 베네치아는 터키의 260척의 함대보다 화력이 강한 200척의 대형 범선을 바다에 띄운다. 이 전투에서 터키 함대에게 3만 명의 피해를 주고 승리한다. 그러나 베네치아는 치프로를 잃으며 해상권을 상실했고, 터키인들은 동방으로부터 다시 압력을 가해온다.

하지만 이 시대에도 빛나는 예술은 변함이 없어, 건축가 롱게나의 살루떼 성당, 쌔미나리오(연구소), 도가나(세관)같은 건물들이 계속 건축된다. 카날 그란데(대운하)에 있는 레쪼니코 궁, 페사로 궁도 롱게나의 손에 지어진 아름다운 건축물이다.

베네치아의 1700년대는 예술적으로는 더욱 중요한 시기로서 티에폴로, 풍경화가인 롱기, 카날레또와 과르디(이들은 우리에게 베네치아의 말할 수 없이 아름다운 모습을 남긴다.), 그란씨 궁, 피사니 궁, 예수회의 성당과 산 스타에 성당, 피니체 극장이 들어서기 시작한다.

캄포포르 미오 조약(1797)에 의해 나폴레옹은 베네치아를 오스트리아에 넘겨준다. 석호의 도시에 시작된 이 비극의 시대 동안 1848년 오스트리아에 저항한 적도 있으나, 1849년에 다시 오스트리아에 정복되었고 1866년에 국민들의 뜻에 의해 결국 이탈리아에 귀속된다.

1800년대 말기로부터 1900년대 초기까지의 베네치아는 문화적으로 다시 부흥을 맞는다. 항구는 다시 정비되고 메스트레(도시)를 산업화하며 베네치아 국제 미술 비엔날레와 베네치아 영화제가 탄생된다. 전 세계의 여행자들은 이 불사(不死)의 소시에 경의를 표한다.

1973년 특별법이 생겼으나 현재 베네치아의 상황은 불투명하다. 많은 시민들은 도시를 떠나고 건물들과 도시는 바닷물에 위협받고 있다. 경제를 지탱하는 산업은 관광, 서비스업뿐이다. 그러나 베네치아를 찾는 세계 각국의 여행자들의 발길은 끊이지 않는다.

베네치아 유일의 피아짜 **산마르코 광장**

베네치아의 광장은 모두 '깜피'라고 불린다. 이 중에 유일하게 '피아짜'라고 불리는 산마르코 광장은 종교식, 행정, 축제, 공연, 처형이 있던 곳이다. 성체성혈에 대축일로 '코르푸스 도미누스'와 6월 1일 '바다의 사령관' 진출 의식은 바로 이곳에서 진행된다. 카니발 시기에 산마르코 광

장은 다시 한 번 모습을 바꾼다. 그때 광장은 거대한 무대가 되어 황소들, 이륜차들, 허풍쟁이, 경매인, 도요새들의 가면, 이국적인 사나이들의 환기로 가득 찬다.

르 꼬르뷔제는 베네치아 귀족들의 과시를 두고 이렇게 말하였다. "기술적인 모든 것, 물질적인 모든 것에 이 광장의 하나하나의 돌들에게도 보이지 않게 남아있다." 베네치아의 번영은 거대한 유산이 되어 아직도 여행자들을 감탄시키고 있다.

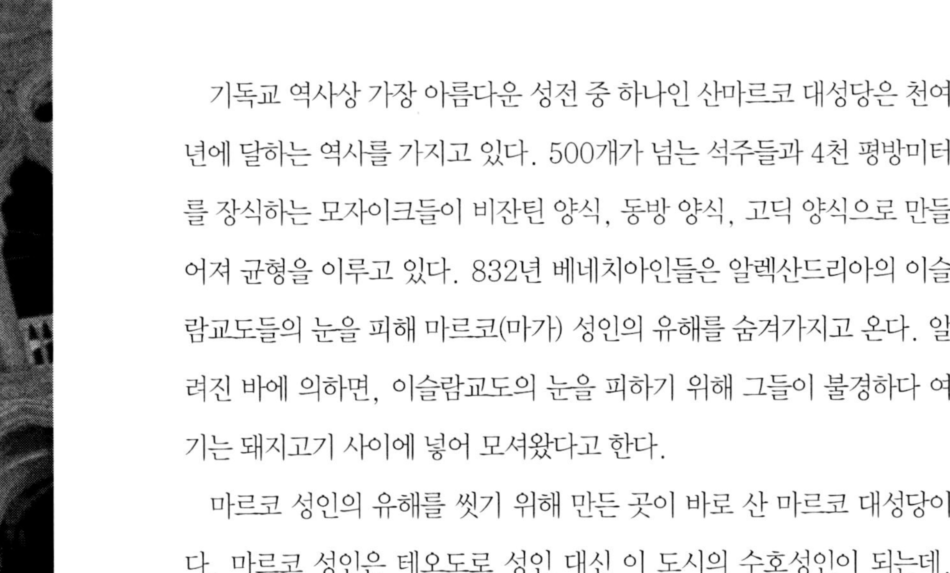

기독교 역사상 가장 아름다운 성전 중 하나인 산마르코 대성당은 천여 년에 달하는 역사를 가지고 있다. 500개가 넘는 석주들과 4천 평방미터를 장식하는 모자이크들이 비잔틴 양식, 동방 양식, 고딕 양식으로 만들어져 균형을 이루고 있다. 832년 베네치아인들은 알렉산드리아의 이슬람교도들의 눈을 피해 마르코(마가) 성인의 유해를 숨겨가지고 온다. 알려진 바에 의하면, 이슬람교도의 눈을 피하기 위해 그들이 불경하다 여기는 돼지고기 사이에 넣어 모셔왔다고 한다.

마르코 성인의 유해를 씻기 위해 만든 곳이 바로 산 마르코 대성당이다. 마르코 성인은 테오도로 성인 대신 이 도시의 수호성인이 되는데, 이는 비잔틴의 힘으로부터 자유로워짐을 상징하기도 한다.

테오도로 성인은 비잔틴으로부터 유래하기 때문이다. 그 이후 마르코 성인은 베네치아 종교의 상징이며 기독교의 개방을 의미하기도 한다.

1000년이 되기 전 국민들의 폭동이 있었던 시기에 두칼레 궁에서 번진 화재로 옆의 성전과 함께 재가 되었으나 978년에 재건된다. 지금과 같은 거대한 모습의 대성당은 1063년 콘타리니 도제 치하에 건축된다. 이 성당은 1809년에 와서야 베네치아의 대성당이 된다.

산마르코광장은 살롱이며 극장이자 명예로운 궁전으로서 베네치아의 심장이라고 할 수 있다. 방문객들은 종교적 상징으로서의 대성당, 정치와 권력의 상징인 두칼레 궁, 법을 의미하는 검찰청과 문화를 상징하는 산마르코 도서관을 볼 수 있다. 마지막으로 산마르코 광장 중앙에 있는 베네치아의 상장, 날개 달린 사자의 동상을 볼 수 있다.

성당의 독특한 모양의 전면은 다섯 개의 위층과 아래층으로써 아치형의 두 개의 층으로 구분된다. 아래에는 문마다 각기 성서 일화들과 예술과 업무 등이 조각된 다섯 개의 큰 문들이 열리게 되어있다.

중앙의 아치는 거대한 유리창이 있어 성당에 빛을 주고 있으며 성당 후랑에는 유명한 네 필의 청동말이 놓여있다. 이 청동말의 근원은 불분명하여 그리스 혹은 콘스탄티누스 시대인 3~4세기 로마의 것이라고도 하고, 혹은 리시포의 작품이라고도 한다. 네 마리의 말은 1204년 십자군 전쟁 시의 전리품으로 베네치아에 옮겨 온 것이며 반세기 후 베네치아인들이 자유의 상징으로 성당 위에 올려놓는다.

1797년 나폴레옹이 베네치아 공화국을 약탈할 때 이 청동말도 가져가 프랑스의 튈르리 공원을 장식했다가 1815년에 다시 베네치아로 돌아온다. 현재 전면의 작품은 모조품이다.

끝으로 시선은 십자가 모양으로 팔을 벌린 듯 하늘을 향해 높게 솟은 다섯 개의 동양적인 인상을 주는 돔으로 옮겨지며 여러 세기 전에는 나무에 청동을 입혀서 덮었으나, 현재는 동양적인 면이 강조되어 원래의 성전의 모습으로 돌아갔다.

대성당의 내부는 어디를 보더라도 연속되는 아치, 돔, 모자이크들과 수많은 예술품에 매혹되어 정신을 잃을 정도이다. 무엇보다 먼저 자세히 살펴볼 것은 성당 바닥의 포장(pavimento della basilica)으로, 거대한 동양 카펫이 성당 전부를 덮은 듯하다. 고딕 양식과 동물들로 장식되어 있으며 이것들 중 가장 뛰어난 조각은 우측 통항의 '일화'이다.

수많은 다채로운 대리석 모자이크들이 있다. 이 작품은 대리석을 독특하게 세공하였다. 모자이크 세공에 쓰이는 규칙적으로 잘라낸 대리석과, 반대로 불규칙하게 쪼개어진 돌을 조화롭게 배열한 것이다.

성당 중심에는 동방교회의 그리스도, 성모, 성인 들이 그려져 있는 성상벽이 중앙제단이 있는 곳으로, 달레 마센녜(dalla masegne)에 의해 만들어졌다. 고딕양식의 성상 벽은 1300년대에 조각으로 장식되었고 본당 공간 내의 신자들과 군중을 가르는 사도들과 성인들의 조각들은 기념비적 십자가 옆에 있다.

성당의 중심인 중앙제대 아래에는 마르코 성인의 유해가 모셔진 단지가 묘소에 보관되어 있다. 또한 금 세공품 중 세계적 걸작인 '팔라도로(Palad Ora, 황금 성단)'가 있다. 이 팔라도로는 3천개의 귀한 보석과 80개의 에메랄드로 만들어졌다. 이것은 고딕 양식으로 만들어 끼워졌으며 쟌파올로보닌세냐의 서명이 있다.

베네치아를 가르는 아름다운 S자 **카날 그란데**

파아짤레 로마와 기차역에서 시작되는 뒤집어 놓은 S자 모양의 커다란 운하가 도시를 둘로 나누면서 화려한 산마르코 선착장에 이른다. 길이 4km(직선거리는 1.8km)에 달하는 물의 도로는 수많은 여행자들이 지나며 또한 많은 작가와 시이녀들의 이야기 속에 등장한다. 공화국의 전성기였던 황금시대에 부유한 귀족들이 비교될 수 없을 정도의 우아하고 화려한 궁들을 건축하고, 이 아름다운 건물들 아래로 운하는 흐르고 있다. 궁들과 또한 성당 공원들로 이 운하에 그들의 색깔과 윤곽을 비추고 있다. 신비하고 유일한 이 도시와 해상도로는 모두 유한물의 흐름과 함께 하는 곳이다.

나는 곤돌라에 오른다. 1척에 5명씩 승선한다. 약간 안개가 끼어 어스름한 대운하를 떠도는 감상을 무슨말로 표현할 수 있을까? 걸맞은 말을 찾으며 노니는 것만으로도 로맨틱하다. "곤돌라 곤돌라 곤돌라…" 하며 학창 시절에 즐겨 부르던 노래를 콧노래로 흥얼거리는데, 환갑 기념으로 베네치아를 찾았다던 일행 한 분이 "지금 죽어도 여한이 없다!" 라고 큰 소리로 말한다.

베네치아 곤돌라는 세계에서 가장 낭만적인 나룻배이다. 곤돌라와 곤돌리에레(곤돌라 사공)는 베네치아만의 상징처럼 되었다. 이 작은 배는 약간 불균형(한쪽 측면이 다른 한쪽보다 넓다)하며 보통 11m의 길이와 1m50cm정도의 폭을 가지고 있다. 280쪽의 나무로 구성되며 곤돌라를 젓는 사공의 무게에 따라 배의 구부러짐에 균형이 있어야 한다.

이로 인해 이 일은 아버지로부터 아들에게로 전수되며 현재는 약 400여 명의 곤돌리에레만이 있다. 이들은 반드시 검은 제복과 밀짚모자와 눈에 띄는 줄무늬 셔츠를 입어야 한다. 오늘날 곤돌라를 만드는 작업은 '스퀘리'라고 불리는 작은 조선소에서 하고 있으며, 장인도 얼마 남아있지 않다. 제조법은 모두 비밀에 부쳐있다. 뱃머리에 '페로' 라고 불리는 장식은 2세기 전부터 사용하던 것이다. 페로의 여섯 개 톱니는 이 도시의 여섯 구역과 같은 숫자이다.

한 때는 다양한 색깔을 칠하고 화려한 조각들과 천으로 둘러싸이기도 한 채 16세기의 긴 시간 동안 베네치아의 풍요로운 시대의 귀족들이 타고 다녔다고 한다. 하지만 엄한 법률로 사치스러움을 없애고 검정색으로 칠할 것을 규정했다.

감옥으로 향하는 죄인들의 관문 **탄식의 다리**

곤돌라를 타고 탄식의 다리 밑을 지나간다. 리오 디 궁전 아래의 이 작은 다리는 도시에서 잘 알려진 기념물이며 관광객이 꼭 들러야 하는 곳이다. 그 명성은 그 구조물 자체에 있는 게 아니라, 19세기 작가들이 이 다리를 작품에 자주 인용했으며 이 이름으로 세례를 했다는 데 있다. 또 과거 수세기 동안 그 다리는 감옥에 궁정으로 가거나 프리기오니 누어배의 깜깜하고 좁은 감옥으로 돌아갈 때 꼭 가로질러야 하는 슬픈 통로였다.

감옥은 리오 디 궁전의 반대편에 16, 17세기 사이에 지어졌다. 총독 마리노 그라마니는 감옥과 연결하는 다리를 건설할 것을 명령했다. 이 다리는 안토니오 콘틴이 설계하였고 1603년에 완성되었다. 특이하게도 벽과 지붕으로 다리의 측면과 위가 막혀있다. 아치의 끝은 주춧돌로 장식되었으며 경간 위는 거칠게 다듬은 벽기둥 줄과 사이사이 두 개의 작은 장식 무늬 창으로 집합된 가로로 된 띠로 되어 있다.

‘최후의 만찬’을 간직하고 있는 북이탈리아의 중심도시 **밀라노**

밀라노는 이탈리아 서부 롬바르디아 평원의 중심에 자리 잡은 이탈리아 제일의 상업도시로 꼽힌다. 로마가 이탈리아의 정치적인 수도라면 밀라노는 경제와 문화의 수도라고도 말할 수 있을 것이다. 밀라노는 이탈리아의 다른 도시들과는 느낌이 사뭇 다르다. 다른 도시들이 고대와 중세의 분위기를 지니며 낭만적인 멋을 풍기는데 비해 밀라노는 이탈리아의 오늘, 그리고 미래를 대변하는 도시로서 견고하고 세련된 멋을 풍긴다. 그렇기 때문에 여행자들은 휴가지로 밀라노를 생각하지는 않는 것 같다. 그러나 현재 이탈리아의 생활 모습을 알고자 하는 사람들은 다만 며칠이라도 예정을 잡아 밀라노의 카페와 레스토랑, 격조 높은 쇼핑가와 골목골목의 예술 전람회장 등을 둘러보는 것이 좋다. 그 정도면 활기차고, 유행 감각이 있으며, 자신감이 있는 도시, 밀라노의 모습을 대략은 파악할 수 있다.

밀라노의 상징 **두오모 대성당**

1387년 잔 갈레아씨오 비스콘티 공작의 명으로 착공되었다. 로마의 산 피에트로 대하원에 버금가는 성당을 만들기 위한 이 사업은 프랑스와 독일의 협력으로 계속되어 450년 후인 19세기 초에 완성되었다. 성당

내부의 길이 148m, 폭 91m. 정면 입구만 해도 폭 61m, 높이 56m이다. 대성당은 3159개의 거대한 조각으로 장식되어 있고 100m 높이의 유리첨탑이 하늘로 치솟아 있다. 정면 입구는 한때 이탈리아 왕으로 군림한 나폴레옹의 명에 의해 보수 건축되었는데, 청동문에는 마리아의 생애, 밀라노의 역사 등이 부조되어 있다.

밀라노상징 두오모성당

내부로 들어가면 우선 거대한 원주가 늘어선 광대한 공간에 압도되며, 15세기에 만들어진 스테인 글라스로 쏟아지는 빛이 인상적이다. 아침 9시에서 오후 5시 30분까지 운행되는 엘리베이터를 타거나 계단으로 옥상 테라스까지 올라갈 수가 있다. 테라스에서는 135개의 첨탑과 공중에 난무하고 있는 듯한 성자와 사도들의 상들이 내려다보인다.

다빈치의 걸작 최후의 만찬이 있는 곳

산타마리아 델레그리치에 교회

밀라노 도심에서 조금 떨어진 곳에 산타마리아 델레그라치 교회가 있다. 이 교회 부속의 도미니쿠스파 수도원 식당에는 르네상스 최고의 천재 다 빈치가 그린 단1장의 벽화인 '최후의 만찬'이 그려져 있다. 20년이 넘게 걸린 오랜 복구공사를 끝내고 1999년 5월말부터 일반에 공개가 시작된 '최후의 만찬'은 밀라노 여행에서 빼놓지 않고 봐야 할 예술작품이다. 완성하자마자 손상이 시작된 명화를 원래의 상태에 가까운 형태로 감상할 수 있는 것은 현대에 살고 있는 행운이라 아니할 수 없다.

'최후의 만찬'의 제작은 1494년 당시의 밀라노 영주 루도비토 일 모로의 명령에 따른 것이었다. 이 시기의 다빈치는 역시 루도비코가 의뢰한 기마상의 제작에 착수해 있었는데 그것을 제자들에게 맡기고 혼자 수도원에 들어가 1495~1498년에 걸쳐 완성시켰다. 구도나 표현 등 어느 것을 보더라도 르네상스기의 최고 걸작이라 할 수 있으며 벽화 앞에 서면 조용한 감동이 가슴에 차오른다.

전 반도가 박물관인 이탈리아를 짧은 시간동안 다녀와서 문화탐방이라고 하니 수박 겉핥기라는 생각을 지울 수가 없다. 한 번이라도 다녀오신 분들에겐 결례가 될지 모르겠다. 빈약한 지식과 자료로 쓴 글이라 반쯤은 거짓말을 하는 기분이다. 글을 읽으시는 모든 분께 필자의 부족함에 대해 용서를 빌며 끝을 맺는다.

스페인

스페인 문화 탐방기

스페인하면 플라멩코와 투우에 솟는 불타는 태양과 정열의 나라 자유 분망한 색과 선을 창조한 피카소

말을 채찍질하고 달리는 돈키호테 카르멘의 환상이 거리마다 가득 차 있는 나라로 세인들에게 회자되고 있는 나라임을 알고 있다.

사실 본 필자 "틈나는 대로 세계 여행"라는 제목의 26개국을 기행문

형태로 3년 전인가 출판 시 출판사의 실수인지 스페인 기행문 원고를 분실하고는 아쉬움을 달래고 있던 차에 필자의 지인 한 분께서 자기는 꼭 스페인을 한 번 다녀왔으면 하는 것이 희망이라는 뜻에 본 필자 지난날의 이 나라 여행의 추억도 다시 더듬어 볼 겸 8박9일 동안의 여행을 끝내고는 부끄러움을 잊어버리고 감히 스페인 문화탐방기라는 이름의 여행기가 그 이유임을 밝혀둔다.

인천국제공항에서 이 나라의수도 마드리드까지는 네덜란드의 암스테르담 1시간25분 체류까지 합하니 15시간 35분 거리고, 대한항공 KE925편이 매주 수요일, 금요일 일요일 AM8시40분마다 출발한다.

필자 술을 대단히 좋아해서가 이유인지 기내에서 위스키와 맥주를 혼합한 폭탄주를 4-5잔 마셨더니 얼떨떨한 정신으로 벌써 공항임을 직감했다. 현지 여행사의 가이드가 친절하게 우리 일행을 맞이한다.

우리 일행을 맞이한 가이드는 경상도 사천이 고향으로 마드리드 대학에서 인류학을 전공하고 있으며 박식하고 달변가이기도 하다.

가이드로 부터의 들은 오리엔테이션을 정리하여 본다.

이 나라는 이베리아 반도의 5분의4를 차지하고 있으며 남서쪽으로 포루타칼과 접경하고 피레네 산맥을 경계로 프랑스와 접하고 있으며,남한의 5배로 50만㎢ 러시아와 프랑스 다음으로 유럽에서 3번째 큰나라 이기도하다.

우리가 고등학교 세계사 시간에 배우고 익히 알고 있는 알타미라 동굴벽화는 구석기시대부터 이 나라에 사람들이 살았다는 것을 증명 해 주고 있으며 BC 11세기 경부터 페니키아인, 그리스인, 카르타고인 등이 진입하여 상업과 무역에 종사 하였으며 BC 2세기 경 부터는 로마의 침략이 있었고 5세기 중반에는 서코트가 711년에는 아랍인들이 북아프리카로부터 칩입하여 이슬람 교도의 지배가 시작되고 15세기에는 이슬람의 재배에서 벗어나 스페인 왕국이 이루어진 것으로 알려지고 있고, 카를로스, 1세부터 펠리페 2세 까지는 이 나라의 황금기로 신대륙, 신항로 발견의 주도권을 잡았다. 이후 이 나라의 무적함대가 영국에 패한 이후 식민지를 차례로 잃게된 원인 이었으며 계속하여 정치적 경제적 불안정의 와중인 1936년 선거에서 인민전선이 승리하자 히틀러와 무솔리니를 등에업은 프랑코장군이 내란을 일으켜 프랑코 총통의 군사독재 정권이 탄생하였으며,1975년 총통의 죽음으로 민주화 작업이 진행되어져 1977년 6월 41년 만에 총선거가 이루어져 카를로스 국왕의 주도로 모든 정당이 합법화 되면서 의회군 주제의 헌법을 바탕으로 적극적인 외교정책으로 1982년에는 NATO에도 가입하는 등의 선진국으로의 발전을 이어가고 있다.

경제 농업분야에서는 오렌지와 올리브가 세계2, 3위 생산량을 자랑하고 양 사육은 2000만 마리가 웃돌며, 광업에서는 수은생산량이 세계 1위이고 기타 방위산업 분야의 괄목할 만한 성장으로 경제 규모면에서 세계8위의 경제대국으로 발전하고 있다.

사회, 문화 인종으로는 켈트-이베로인이 이 나라의 주류를 이루고 있고 기타 페니키아인, 그리스인, 로마인, 게르만인, 무어인의 침입에 의한 혼혈인이 섞여있다. 이베르인-켈트는 머리는 검고 눈동자는 다갈색혹은 검으며 피부는 갈색, 카탈루냐 지방에는 상당수가 금발이며 인구는 4천 2백만 명 종교는 카톨릭이 90%이상으로 전성기의 식민지 확장에도 한몫을 단단히 한 이 나라의 정신적 기둥이라 하겠고 스페인에는 매년 전국토의 인구보다 많은 관광객 5천만 이상이 찾는 세계 최대의 관광대국으로 500억 달러 이상을 관광 수입으로 잡고 있다.

우리가 익히 알고 있는 플라멩코는 스페인 남부, 안달루시아 지방의 전통적인 민요와 춤, 그리고 기타 반주가 한데 어우러져 만들어 내는 집시예술로서 타오르는 정열과 애수의 춤이기도 하다.

집시는 인도 북서부로부터 출발하여 아프리카 대륙에서 이베리아 반도로 건너와 15세기경에 안달루시아 지방에 안착한 것으로 알려지고 있다. 이들이 오랜 세월동안 박해를 받으며 점을 처 준 댓가가 생활비의 전부였는데 이들의 생활이란 희망이라고는 암담함의 연속 이였으므로 시름을 잊기 위해서 남녀가 모이면 자연히 슬프고 애절한 노래와 춤이 전부였으며 이것이 플라멩코의 시초가 되었다. 하나 더 부언 하자면 플라멩코는 비잔틴 및 유대인의 신비주의와 아라비아 민족의 애수를 띈 이국적인 정서 집시족의 우울한 정열의 혼합체라고 할수 있다.

플라멩코의 진수는 애끓는 가수의 목소리 미묘한 기타연주와 함께 가슴속 깊이 스며드는 비브라토 음색의 바이브레이션에 있다고 말할 수 있다. 플라멩코에 빠지다 보면 사람을 도취시키는 마력적인 힘을 감지 할 수 있으며 춤은 그라나다 세비아와 같은 안달루시아 지방외의 수도 마드리드나 예술의 도시 바로셀로나에서도 볼 수 있고 요즈음은 댄서나 기타리스트 들이 대부분 큰 도시로 빠져나가고 오히려 큰 도시에서 더 번창하고 있는 것으로 알려지고 있다.

투우는 고대 로마시대가 그 시초이고 스페인에 들어오고 나서가 황금기로 지금까지 이어지고 있으며, 이 나라에서 투우는 국기로서 국민들에게서 사랑받는 경기이다. 투우장은 로마의 콜로세움과 같은 원형경기장으로 수많은 관중을 수용할 수 있는 스탠드를 가지고 있으며 투우장의 열기와 투우사의 인기는 최고의 클라이막스의 절정에 이르며 사람과 소가 생사를 걸고 싸우는 것만 보는 것이 아니라 그 기술을 즐긴다.

투우는 보통 오후 늦게 시작하는데 투우사의 한 무리가 등장한다.

투우사의 주역인 칼을 가진 마타도르와 소에게 작살을 꽂는 반데릴레로와 창을 가진 2명의 피카도르 및 수명의 조수 페오네가 한 무리를 이루어 들어온다. 먼저 페어네가 투우장의 문을 열고 소를 입장 시킨다.

그 뒤에 마타도르가 카포테라는 대형의 붉은 천을 들고 소를 흥분 시킨다.

이때 피카도르가 말을 타고 등장하여 창으로 소를 찔러 흥분 시킨다.

마타도르는 이사이에 빨리 소의 성질을 분별하여 피카도르와 함께 퇴장한다. 이어 반데릴레로가 등장하여 소의 등과 목에 6자루의 작살을 꽂아 소를 광란하게 하고 다시 마타도르가 등장하여 칼과 물레타라는 막대를 감은 작은 붉은천을 손에 들고 소에게 달려들며 교묘하게 몸을 피하면서 소를 피로하게 한다. 다음에 칼로 소의 정수리를 찔러 죽이는 것이다.

풍속, 언어 스페인 사람은 자기를 신용해주면 상대방에게도 신용으로 대한다. 음식점이나 시장에서 물건을 사고 말이 통하지 않을 때에는 지갑을 열어 보이면 물건 값에 해당하는 돈만을 꺼내가기도 한다.

이 나라를 여행할 때 꼭 알아야하는 것은 이 나라 사람들의 습관은 낮잠을 잔다는 것이다. 오후1시부터 4시까지는 시에스타라고 하여 누구나 할 것 없이 낮잠을 즐기기 때문에 거의 모든 업무가 정지한다고 생각하면 된다. 그리고 파티에 초대 받았을 때는 정해진 시간에 바로가면 실례가 된다.

조금 늦게 가는 것이 상식이다.

이 나라에는 3가지의 언어가 사용되고 있는데 공용어인 스페인어(카스티야어)를 비롯하여 북부 갈리시아어(포루투칼어에 가까움) 남부의 카탈루냐어(프랑스의 프로방스지방의 말과 비슷함)가 있으며 스페인어 다음

으로 많이 통하는 외국어는 프랑스어와 이탈리아 어로 알려지고 있다.

이것으로 현지 가이드로부터 들은바의 오리엔테이션은 끝내기로 하고 스페인의 영광을 그대로 간직하고 있는 수도 마드리드로부터 투어를 진행하기로 한다.

마드리드 해발 646m의 고원위에 세워진 스페인의 수도이다.

천년 이상의 역사를 갖고 있으며 곳곳에는 미술관, 박물관, 공원 유적 등이 지난날의 모습 그대로 남아 있으며 세계에서 가장 인기 있는 투어 거리의 한 곳 이기도 하고 정치문화의 중심지이기도 한다.

본 필자 일행이 이곳을 방문하는 시점이 8월 중순으로 심한 대륙성 기후로서 비가 거의 오지 않아 지표면 온도는 40-50도의 열기를 뿜고 있어 선글라스와 모자 없이 거리를 활보한다는 것은 힘든 사실이고 이 도시의 역사를 헤아려 보자면 이슬람이 스페인을 지배하던 10세기 경, 이슬람교도들이 톨레도(후술)를 방어하기 위해 이곳에 성을 쌓아 마헤리트라고 명 하였는데 이것이 변하여 마드리드가 되었다고 한다.

이후 1561년 펠리페 2세가 수도를 톨레도에서 이곳 마드리드로 옮기면서 400여 년 동안 스페인의 수도로서 현재에 이르고 있으며 로마, 파리, 런던과 같이 유럽을 대표하고 있다.

마드리드의 아침은 전형적인 지중해성 기후로 구름 한 점 없이 높고 상쾌함이 우리나라의 초가을을 연상케 한다.

마드리드에서 맨 처음 투어는 이 도시에서 가장 번화한 곳으로 시내를 동서로 가로지르는 그린비아 거리이다. 이 거리는 에스파냐 광장에서 시벨레스 광장에 이르는 넓은 길이다.

에스파냐 광장은 그린비아 거리의 서쪽 맨 마지막이고 중앙에는 이 나라의 대표적인 작가 세르반테스의 서거300주년을 기념하여 세운 기념비가 서 있다.

그 기념비에서 소설 “돈키호테” 의 주인공인 돈키호테가 창을 들고 말에 앉은 동상과, 그의 하인 산초 판사가 나귀에 걸터앉은 동상이 있으며, 그 뒤에는 세르반테스가 높이 앉아 아래로 그 들을 내려 보고 있다.

시벨레스 광장은 그린비아 거리의 동쪽 마지막에 있다.

광장의 중앙에는 두 마리의 사자가 끄는 마차를 탄 시벨레스의 분수가 있다. 시벨레스 광장에서 북쪽으로 뻗어있는 레콜레토스 거리를 걸어가다보면 콜론 광장이 나온다. 이곳에는 아메리카 대륙의 발견 항해 일지가 새겨진 돌로된 기념물과 콜럼버스의 동상이 서있다.

한편 이 광장은 휴식을 찾는 시민들로 붐비는 곳이기도 한다.

이 도시에서 가장 오래전부터 발달된 구시가지로는 푸에르타 텔 솔광장이 있다. 꼬불꼬불한 길에 옛날집들이 비좁게 들어서 있어 이 도시의 옛 정취를 그대로 느낄 수 있다.

솔 광장에서 남서쪽으로 가다보면 마요르 광장이 나온다. 이 광장은 중세의 모습을 그대로 간직하고 있고, 이 광장의 카페테라스에서 한 잔의 차를 마시며 싱싱한 젊은이들이 거리를 활보하는 것을 보는 것도 즐겁다.

이어 프라도 미술관 주변을 찾아보자 마드리드를 관광하는 사람이라면 반드시 프라도 미술관이다. 주변에는 투우의 역사자료를 전시한 투우 박물관 스페인의 실내장식을 한눈에 볼 수 있는 장식 미술관 등이 있다. 프라도 미술관은 파리의 루부르 박물관, 런던의 대영 박물관과 함께 세계적인 미술관이다.

프라도 미술관을 제대로 감상하려면 몇 일이 걸린단다. 소장품은 3천여 점이다.

본 필자 한정된 투어스케줄 이라서 주마간 상격이라 할까마는 1층의 로스카프리 초스, 2층 고야 전시실에 있는 옷을 입은 마야, 나체의 마야, 벨라스케스의 라스메리나스, 그레코와 보슈의 예수를 테마로한 종교화 등은 반드시 감상해야할 걸작이고 필자 지금도 마드리드를 여행하고자 하는 사람들에게는 꼭 추천하고 있다.

이 미술관 주위에는 작품을 감상한 후 휴식하기에 알맞은 레티로 공원이 있다.

이곳에서 지금까지의 마드리드 여행을 정리하여 보는 것도 의미 있는 일이라 한다.

툴레도는 마드리드에서 남서쪽으로 약 70km 떨어져 있는 언덕위에 도시다.

1561년 마드리드로 수도가 옮겨질 때까지 이곳은 이 나라의 정치, 경제, 문화, 종교의 중심지로 알려지고 있으며 이곳을 여행하는 요령으로 버스로 가는 길은 마드리드의 아토차역 남쪽에 있는 버스터미널에서 톨레도 가는 버스가 매시간 마다 있고 철도편으로는 아토차역에서 이란

프라도미술관

후에스 경유 열차가 하루 12편이 있어 이를 이용하는 것이 가장 편리한 대중교통수단이라 하겠다.

본 필자는 버스를 이용하였는데 눈을 잠시 붙일까 말까 창밖을 주시하고 있는 사이에 벌써 목적지인 톨레도다.

정확히 1시간30분 거리였다. 마침 점심식사 시간이라 식사를 끝내고는 기차역에서 오른쪽으로 거슬러가니 13세기의 알칸다라교가 나온다.

이 다리 근처에서 바라보이는 도시 풍경은 중세의 분위기가 물신 풍기는 고풍 찬란함이 무척 인상적 이기도 하다.

시내 교통수단으로는 택시와 버스가 있지만 도로가 좁고 대부분의 관광지가 10분 이내에 걸어갈 수 있기 때문에 가이드의 안내를 받지 않더라도 지도를 들고 찾아 갈 수 있다. 먼저 톨레도의 중심지 소코도베르 광장으로 가본다.

톨레도의 중심지이다. 길쭉한 삼각형 모양의 광장이다.

필자 관광 시점이 최적의 여름이라 광장 주변의 카페테리아는 주민들과 관광객들로 만원을 이루고 있는 것이 눈에 들어온다.

좁은 광장이기 때문에 같은 장소를 오가며 산책하는 주민들의 모습을 보는 것만으로도 흥미롭다.

이어 대사원으로 가보자. 이 대사원은 페르난도 3세가 1207년 건설을 시작하여 1493년에 완성된 것으로 알려지고 있으며 그 뒤 여러번의 증, 개축이 되풀이 되었고 원래의 부분이 많이 손상 되었지만 당시의 건축 예술성만큼은 보존 되어 있다 하겠다. 한말로 말해서 이 대사원은 톨레도의 명물이다. 원래는 이슬람 교도의 사원이 였는데 13세기에 그리스도교의 성당으로 개수 증축한 것이다. 증후하고 장엄한 고딕 양식으로 지어졌는데, 중앙의 좀에는 회교사원의 흔적이 있으며 이 대사원에서는 현재도 미사가 집전되고 있으며 카톨릭의 총본산으로 건물의 규모는 길이 113m 폭45m로 장대하다.

이어 보물실, 성가대실, 성가실로 차례로 관람함이 유익하다. 본당 오른쪽의 보물실에 들어서면 누구나 성체현시대(custodia)에 압도당한다. 모든 것이 금과 은으로 만들어졌고 무게는 180kg, 프랑스 왕 루이가 기증하였다는 "황금의 성서" 도 볼 수 있다.

알카사르 성은 톨레도 북쪽 가장 자리에 있는 사격형의성 3세기부터 있던성을 13세기에 알폰스 6세가 개축했고 카를로스 5세 때 톨레도의 방비를 굳건히하기 위하여 한층 더 튼튼하게 보강한 것으로 알려 지고 있고 스페인 내전 때 에는 이성에 갇힌 프랑코군이 인민전선의 공격을 72일 동안이나 막아 내었다. 당시 파괴된 흔적이 아직도 남아있다.

한정된 여행일정 이기에 톨레도의 여행은 이것으로 끝내기로 하고 잠깐 스페인에서 쇼핑은 이곳의 특산품인 다마스키노라는 아름다운 세공품으로, 동판에 금줄이나 은줄을 새겨 넣은 것이다. 무늬는 아라비아적인 무늬와 새와 꽃을 글핀 르네상스적인 것이 있다.

본 필자 미화 100불 주고 관광 기념으로 구입한 손바닥 반 크기의 거북이 마스코트는 볼 때마다 행운이 오는 것 같기도 하더라.

살라망카 로 가보자, 이 나라 정신문화의 중심지다.

살라망카는 수도 마드리드에서 208km의 북서쪽에 위치하고 있다.

한니발 장군이 기원전 3세기 후반에 원주민인 이베르족을 평정한 후 로마의 요새가 되었고 이어서 코트족과 이슬람교도의 지배를 받고 1085년에 그리스도교의 지배로 되돌아 간 것으로 알려지고 있다. 이곳의 주요도로는 18세기에 만들어진 마요르 광장을 중심으로 하고 있으며, 안내인의 설명에 의하면 스페인에서도 가장 아름다운 광장 이다.

이 광장은 엘에스코리알의 산로렌스 수도원 그라나다의 알람브라 궁전과 함께 스페인의 3대 건축미의 하나로 자랑한다. 마침 본 필자 여행 시즌 최고의 정점을 택하여서 그런지 밤의 불빛은 정말 아름답기도 했다. 광장 정면의 시계탑 건물인 시청사는 펠레페 5세가 살라망카를 방문한 곳으로 로마네스크 양식의 구대사원 과 16세기에 건립된 고딕양식의 신대사원 등의 고적이 남아 있기도 하다.

이곳에는 1250년 알폰소 대주교에 의해 창립된 스페인에서 가장 역사가 긴 살라망카대학이 있다.

4년이 지난 1254년 로마의 교황으로부터 옥스퍼드, 파리와 같은 높이의 대학으로 인정을 받은 이래 이 대학 출신의 학생들은 이 나라의 제일의 큰 인재가 되어 퍼져 나가고 있다.

이 학교의 재미있는 부조 하나를 소개 한다면 대학 입구 정면의 상단에 개구리가 새겨져 있는데 이 개구리는 시험에 행운을 가져온다 하여 나름대로 학생들에게 인기가 있는 것으로 알려지고 있다.

세비야로 간다. 마드리드에서 574km 비행기 편으로 55분의 거리다. 이곳은 플라멩코 춤의 본고장으로 남부 안달루시아 지방의 도시이기도 한 유서 깊은 곳이다. 그리고 손을 뻗으면 쉽게 딸 수 있는 오렌지 열매가 달린 가로수와 공원에 높이 솟은 종려나무가 남국적인 분위기를 만끽하는 도시이며, 인구 65만 명의 이 나라 4번째의 큰 도시로, 세비야 주의 주도이기도 하다.

그럼 여기에서 안내인의 설명을 참고로 하며 이곳의 역사를 스케치 해보자. 이곳의 옛 이름은 로마시대에 히스 팔리스로 불리면서 지방의 중심지로서 영화를 누리던 곳이다. 8-13세기에는 이슬람의 지배하에 들어가 스페인의 신세계 탐험의 중심지로서 역사적으로 중요했던 곳이기도 한 곳이다. 12세기에는 히랄다탑, 알카사르궁존(후술) 등이 건조되었다. 근세에 와서는 비제의〈카르멘〉, 모차르트의〈돈후안〉, 로시니의〈세비야의 이발사〉등의 무대가 되었고 지금도 이 지방에는 카르멘이라는 이름을 가진 아가씨들이 많으며 모두 정열적이며 아름다운 것으로 알려지고 있다. 이 도시의 투어는 시청사가 있는 누에바 광장 중심으로부터 걸어서 대사원, 히랄다탑, 알카사르를 순서로 진행한다.

대사원 은 이슬람 교도를 몰아낸 것을 과시하기 위하여 모스크 자리에 세워진 고딕풍의 대사원으로 1403-1506에 설립 되었으며 로마의 산피에트로 대성당과 런던의 세인트폴 대사원 다음으로 큰 사원이다.

히랄다 탑(후술)옆에 팔로스문으로 들어가 좌측에 바라보이는 것이 르네상스 양식의 왕실예배당이고 맞은 편에는 세비야의 수호 성모상이 모셔져 있다.

여기에는 세비야를 무슬림으로부터 회복한 산페르난도 왕을 위시하여 이 나라 중세기 왕들의 유해가 안치되어있다.

안치실 정면에는 무리뇨의 그림〈성모수태〉가 있는 회의실 고야와 수르바란 등의 그림이 있는 성배실이 있다.

중앙복도 우측에는 그 유명한 콜럼버스의 묘를 옛날 스페인을 다스린 네명의 왕(레온, 카스티야, 나바라, 아라곤)이 관을 메고 있는 상이 있다.

히랄다 탑은 세비야의 상징으로 12세기말 무슬림들이 세운 것이다.

같은 모양으로 모로코의 마라케시와 리바트에도 있는 것으로 알려지고 있다. 필자 모로코 여행시 직접 확인 하였고 모로코의 안내인의 말에 의하면 탑은 육지에서의 등대와 같으며 초행길의 나그네에게는 가고자 하는 목적지를 찾는데 이정표 구실을 한단다.

탑의 전망대와 정상의 풍향계는 16세기에 보수를 하였고 벽돌로 쌓아 올린 종루의 기저는 정사각형으로 사방 약14m이고 벽두께는 2.5m이며 높이가 약98m인 이 탑에는 계단이 없고 말을 탄채 올라갈수 있도록 나선 사면으로 길이나 있으며 70m지점에는 전망대가 있어 세비야가 내려 눈에 와 닿는다.

알카사르 성은 세비야를 이슬람교도로부터 1248년에 탈환한뒤 개축한 성이다. 이 알카사르에서 가장 화려한 곳은 대사의 방이다. 소녀의 뜰과 인형의 뜰을 둘러싼 회랑 기둥에는 아기자기 하고 섬세한 장식 무늬가 아름답다. 소녀의 뜰 앞에 있는 아랍왕의 침실은 무데하르 양식의 아름다움을 뽐내고 있다.

코르도바 는 세비야의 북동쪽 152km지점 과달키비트 강 유역에 있다. 이 도시의 관광은 이슬람 교사원을 주축으로 하여 그 북쪽에서 서쪽으로 펼쳐진 유대인 거리, 그 남쪽의 알카사르, 그리고 17세기의 분위기가 풍기는 동쪽의 포트로 광장이 구경거리다. 마차를 타고 시내를 한바퀴 도는 것도 환상적인 매력이다.

유대인 거리는 그 옛날 유대인들이 살았던 인근 주변으로 좁은 길과 하얀 벽의 집들, 창가에 진열되어 있는 아름다운 화분 등이 한층 친근감을 안겨주는 거리이다.

거리의 우측에는 14세기 무렵에 건조한 유대교회가 있으며, 가까이에는 엘소코가 있다. 이는 스페인의 안뜰을 둘러싸인 것처럼 타블라오와 민예품점이 줄지어서있는 건물을 칭한다.

엘소코 뒤에는 코르도바 출신 투우사들의 유품이 진열되어 있는 시립 투우 박물관이 있다.

알카사르는 알폰스 11세가 1328년에 건조한 성이다.그 후 카톨리의 이사벨과 페르난도, 두 왕이 개축 하였으며, 여기에서 무슬림에 대한 회복 전쟁을 지휘하여 1494년에 그라나다를 함락 시켰다. 콜럼버스도 첫번째 항해를 떠나기 전 이 성에서 두 왕을 알현한 것으로 알려지고 있으며, 또 1490-1821까지는 종교재판소가 설치되어 있기도 한 곳이다.

포르토 광장은 유대인 거리 동쪽에 있다.

포트로는 망아지라는 뜻이다. 분수위에 있는 청동망아지상이 이 광장의 심볼이고 광장과 이웃하고 있는 포트로 여관은 세르반테스가 묵었다는 곳인데, 소설 돈키호테에도 등장하는 곳으로 지금은 박물관으로 바뀌어 코르도바의 특산 가죽제품 등이 전시되어 있어 여행객들이 가죽으로 만들어져 판매되고 있는 1-2점의 소품인 가죽제품을 구입하는 것도 흥미로운 일이라 하겠다.

그라나다는 마드리드의 남쪽491km지점에 있고 마드리드에서 항공편으로는 1시간, 세비야와 코르도바에서는 정규버스 편으로는 4시간여 거리에 있다.

이 곳 그라나다는 이슬람교 왕국의 이베리아 반도 지배의 최후의 거점으로서 가장 긴 기간 동안 부귀영화를 간직한 도시였다.

이슬람교도가 스페인을 지배하던 무렵, 이슬람의 시인 벤 샘라크는 그라나다를 이렇게 노래하였다. "사비카 언덕에 서서 주위를 둘러보라 그라나다는 귀부인, 그 주인은 산, 그라나다는 강으로 띠를 둘렀으며, 꽃들의 사비카 언덕은 그라나다의 이마에 반짝이는 관. 전체가 스스로 새겨 넣고 싶어 하는 관. 그리고 알람브라는 그 관 꼭대기에 반짝이는 루비! 아 하느님이시여 그녀를 지켜주옵소서!"

그러나 1492년 1월 2일에는 스페인이 이슬람교도의 최후거점인 그라나다를 함락시키고, 알람브라 궁전(후술)의 정상에 그리스도의 성 십자가와 스페인의 수호성인인 산티아고의 기를 개양하였고 이슬람 최후의 보아부딜 왕은 알람브라 궁전 열쇠를 그리스도교의 왕에게 넘겨준 다음, 눈물을 흘리면서 지브롤터 해협을 건너 아프리카로 돌아간 것으로 알려지고 있으며, 이렇게 해서 711년에 시작되어 약 8세기동안에 걸친 이슬람교도에 의한 스페인의 지배는 끝났다. 그라나다 시내 투어는 알람브라 궁전이 있는 알람브라 지구, 옛날 아라비아 인들이 살던 알바이신 지구, 집시들이 모여 살던 사크라 몬테지구, 그리고 대사원 등을 중심으로 하는 것이 일반 투어의 순서라 하겠다.

알람브라 궁전〈이슬람예술의 정수〉은 그라나다의 동쪽에 있는 사비카 언덕 위에 있다. 알람브라란 이슬람 말로 붉은 성이란 뜻.

13세기에 스페인의 마지막 이슬람 왕조 나스르가의 알람마르 왕이 짓기 시작하여 계속 증축과 개축을 거듭하여 완성 되었다. 지금의 알람브라 궁전의 모습 대부분은 14세기 때의 것이다.

알람브라 지구(알람브라 궁전)은 대리석, 타일, 채석, 옻칠을 쓴 아름

알람브라궁전 외부공원

그라나다에 있는 알람브라궁전 내부

다운 장식으로 된 방이 큰 뜰을 중심으로 이루어져 있다. 하나는 유세프 1세가 만든 것인데 아라야네스의 뜰이다. 직사각형을 연못을 따라 대사의 방으로 연결된다. 대사의 방은 알람브라 궁전에서 가장 큰 방으로, 이슬람 왕의 알현 등 국가의 공식적인 행사가 거행되던 방이다. 방의 발코니로 나가면 헤네랄리페정원, 시크라몬테, 알바이신 등의 크나큰 조망이 펼쳐진다.

이어 하나는 무함마드5세가 건조한 사자 뜰이다. 12마리의 사자가 받치고 있는 분수만을 중앙에 두고 그 둘레를 높이가 약6m인 회랑이 둘러싸고 있다. 사자의 뜰 주변에는 두 자매의 방, 왕의 방, 아벤세라테스의 방이 면해있다. 각방은 모두 다양한 아취, 정교하고 섬세한 벽면 장식등을 가지고 있어 이슬람 예술의 정수를 보여 준다 하겠다. 두 자매의 방은 두 자매가 살았기 때문이 아니라 작은 분수 양쪽에 똑같은 대리석 판이 2장 있기 때문이란다.

왕의 방은 천정화에 10인의 왕의 얼굴이 묘사되어 있는데, 이는 그라나다가 몰락된 이후, 그리스도교도가 그린 것으로 추축되는데 이는 이슬람 예술에서는 사람의 얼굴을 표현 않는 것이 절대적인 금기사항임을 미루어 보기 때문이다. 아벤세라테스의 방은 왕의 하렘을 넘본 아벤세라테스가 남자 여덟을 참수 시킨 곳이라고 하는데 믿거나 말거나의 전하여 오는 말에 의하면 목에서 흘러내린 피가 사자의 뜰에까지 넘쳐흘렀다고 한다. 또 코란에서는 낙원을 지중해의 갖가지 과실나무(석류, 오렌지, 포도, 무화과 등)가 숲을 이루는 아래로 맑은 물이 흐르고 산들 바람이 부는 정원이라고 한다.

이 궁전은 그리스도교에 의하여 함락된 이후에도 유럽의 예술인들에 의해 늘 찬미되는 바람에 더 더욱 유명해 진 것으로 알려지고 있으며, 이들이 계속해서 그라나다에 와서 알람브라 궁전의 화려했던 과거를 묘사하고 있는 것이 현실이다.

알바이신지구는 옛날 아라비아인 거리의 모습을 그대로 보존하고 있는 곳으로 알람브라 궁전과 다로당 북쪽 언덕에 있는 지구다. 그리스도교도에 의해 쫓겨온 아라비아인들은 1568년 폭동을 일으켜 추방될 때까지 긴 세월동안 이곳에 산 것으로 알려지고 있으며 이곳의 관광 볼거리는 다로 거리에 있는 고고학 박물관으로 16세기에 신축했고 기원전부터 18세기까지의 유물이 전시되어 있는데 특별히 이슬람교 왕국시대의 유물들을 볼거리로 추천할만하며 이 지역의 도로 역시 평평한 돌을 갈아 만든 옛날 그 시대의 도로 그대로다.

사므로몬테지구는 알바이신 지구에 인접한 지역으로 집시들이 정착해서 살고 있는 곳, 알람브라 궁전에서 건너다보면 바위산에 굴을 파고 생활하는 사람들의 거주지가 이곳, 저곳에 보인다. 주거 형태는 그네들의 특유의 것으로, 그들의 생활상을 직접 볼 수 있는 기회이기도 한데 혼자 가는 것은 치안 상 금하고 있어 관광객들이 이에 따르는 것은 합리적인 관광 질서라 하겠다.

대사원은 그라나다의 메인 스트리트인 콜론 거리에 위치하고 있으며 1623년에 기공하여 1703년에 완공되었다. 이 사원을 처음에 건설할 때는 고딕양식의 설계로 건축이 진행 되었으나 완공 시에는 르네상스 양식이 가미된 듯 탑은 높이가57m 내부는 좌우67m 길이116m이며, 거대한 기둥 20개가 이 대사원을 받치고 있다. 특히 14개의 창에 끼운 아름다운 스테인드글라스에는 신약성서를 테마로 하는 그림이 그려져 있다. 그리스도교인 이라면 그냥 지나치지 말고 꼭 눈여겨 볼 것을 권할만한 곳이기도 하다.

바르셀로나는 이번 스페인 여행의 마지막 종착역이라고 말 할 수 있다.

마드리드 다음가는 2번째의 도시로서 카타루나 지방의 핵심 도시다. 이 도시는 BC 1세기에 바르시노라는 이름이 시초였다. 그러므로 2000년 이상의 고도인 셈이다.

이곳은 500년 전 콜럼버스가 신대륙에서 수많은 금은보화를 가지고 돌아왔던 도시이며, 천재화가 피카소를 만들어 내고 천재 건축가 가우디가 활약한 도시, 예술과 관광의 도시 이면서 이 나라 제일의 상공업 도시인 바르셀로나는 우리나라가 88올림픽으로 주목을 받은 후광을 등에 업고 다음 개최국으로 1992년 올림픽을 무사히 마친 곳이기도 하다.

그럼 바르셀로나로 가는 길을 간단히 정리하여 보면 마드리드에서 바르셀로나로 가는 푸엔테 아에레오라는 TU틀 편이 1시간마다 운항되고 안달루시아의 세비아, 그라나다 등지에서도 직항편이 있다. 시내교통으로는 지하철, 시내버스, 택시, 마차가 있다. 본필자 다소 이색적이라고 생각되어 마차를 이용하기로 한다. 마차는 콜럼버스 탑 근처에 있다. 1,2마리의 말이 끄는 마차는 마부가 길을 안내 하여준다. 요금은 코스마다 다르기 때문에 사전에 타협을 해야 한다. 통상30분을 기준으로 하고 4명까지 함께 탈수 있다.

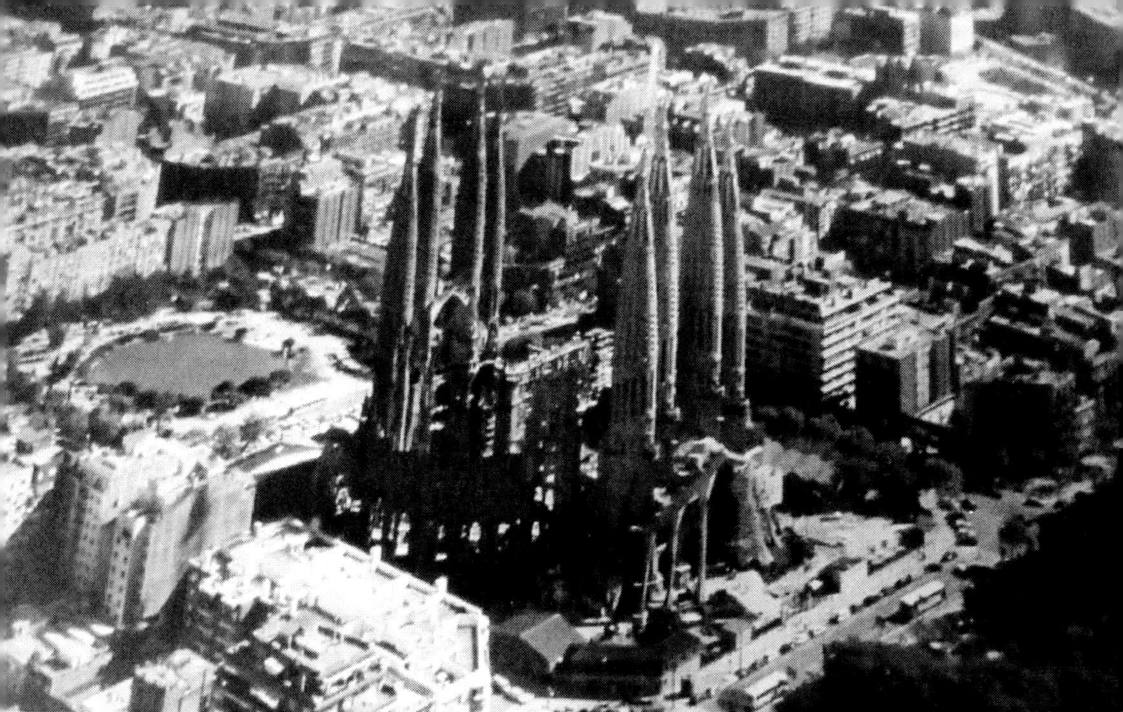

바르셀로나 시가지

필자가 약정한 투어코스는 람블라스 거리 주변, 바로셀로나 항구 주변, 천재 건축가 가우디의 작품 전시장. 먼저 람블라스 거리 주변부터 투어를 진행한다. 람블라스 거리는 이곳 구시가의 중심으로 북쪽의 카탈루냐 광장에서 남쪽 항구에 근접하고 있는 평화의 광장까지 대략 1KM에 이르는 대로이다. 카날류냐 광장에서 걸어서 항구 쪽으로 가면 카날레타스 샘이 있는 곳이다. 전설에 의하면 이 물을 마시면 바르셀로나에 도취하여 그냥 살게 된다는 이야기가 있다. 이어 람블라스 거리의 노점상, 행상인들을 한곳에 모으기 위하여 1840년에 만들었다고 하는 산호세시장을 관광하면서 시장의 살아있는 활기를 피부로 느껴 보는 것도 추천할 만하더라, 람블라스 거리의 동쪽에는 대사원이 있고 여기에는 중세의 교회나 박물관, 미술관, 기념비 등이 어우려져 있다.

대사원은 13-15세기에는 고딕양식이나 전면의 현관과 90m의 탑은 19세기에 완성되어 진 것으로 알려지고 있으며 대사원 전면 광장에서는 매주 토요일 저녁과 일요일 오후부터 시민들이 모여서 이곳 민속 무용인 사르다나를 춘다는 것이 현지 안내인의 설명이나 본 필자 이곳을 방문한 날짜가 토요일 오전이라서 사르다나 춤을 구경하지 못한 것이 아쉽기도 하다.

가까이 있는 레알 광장으로 가보자. 19세기 중엽에 건축한 원형 광장으로 주위가 신고전주의 건물로 둘러 쌓여 있다. 일요일 오전에는 대규모 우표시장이 열린단다.

바르셀로나 항구주변 항구 앞 평화의 광장에는 콜럼버스의 탑과 동상이 서있다. 이 탑은 1888년 바르셀로나에서 열린 만국 박람회를 기념하기 위하여 만들어진 것으로 알려지고 있으며, 높이50m인 탑 정상에는 우측 손으로 바다를 가리키고 있는 콜럼버스의 동상이 세워져있다.

또 옆 가까이 해안에는 그가 아메리카 대륙 발견 항해 때 타고 갔던 산타마리아호가 실물 모형 크기 그대로 떠 있고 이 배는 관광객의 부주의로 인한 담뱃불로 불타버린 것을 복구한 것인데, 필자의 눈에 배가 보잘 것 없이 너무 작아 실망감이랄까 놀라움을 금치 못 했다. 실제로 산타마리아호는 맨 처음 항해 시 암초에 받쳐 파손되어지고, 개선한 것은 고작 다른 배 2척 뿐이었단다. 그러나 스페인은 콜럼버스의 아메리카 발견을 계기로 식민지 정복의 문이 활짝 열렸고, 계속하여 남아메리카와 태평

양 연안을 탐험 하였으며 이는 곧 세계사에서 근세의 시작이라고 할 수 있다.

이어 천재 건축가 가우디의 전시장으로 행한다.

바르셀로나에는 천재 건축가 안토니오 가우디의 작품전시장이라고 말 할 만큼 그의 작품이 곳곳에서 그의 이름을 날리고 있다.

성가족교회, 구엘공원, 바트요저택, 밀라저택, 비센스저택, 등은 모두 가우디의 작품인 것이다. 그의 작품의 전형적인 특징은 곡선이 지배적인 것으로 건축물이 살아서 꿈틀 거리고 있는 것 같다. 천장과 벽이 부드러운 곡선으로 굴곡을 이루고, 섬세한 장식과 색채는 야릇한 분위기를 내 풍기고 있다.

성가족교회

성가족교회는 1882년에 시작하여 100년 이상 지난 이 교회는 지금과 같은 속도로 진행된다면 앞으로도 200년 더 지나야 완성될 것이다. 이 교회는 파리의 에펠탑에 비견될 정도로 바르셀로나의 명물이기도 하다. 현재 완성된 부분은 그리스도의 탄생을 주제로 한 107m 높이의 4개의 탑과 지하 예배당이다. 170m의 중앙 탑과 그 뒤에 세워질 140m 높이의 성모마리아를 상징하는 탑은 앞으로 건설

될 부분이다. 하늘을 향하여 치솟은 완성된 4개의 탑은 그 전체 곡선도 볼거리지만 그리스도를 그린 조각들이 마치 살아 움직이는 것 같기도 하다. 지하 예배당은 박물관으로 이용되고 있으며, 이 박물관에는 이 건물의 착공때의 모습부터 건물이 완성 되어가는 과정을 기록해둔 모형과 사진이 전시되고 있다.

성가족교회가 가우디의 원설계 대로 완성 된다면 버팀벽이 없는 5개의 본다, 육각형 방사상의 예배당 앱스, 경사진 지주에 의해 지탱되는 타원형의 천장을 가지게 될 것이다. 또 앱스 위의 둥근 천장은 성모마리아를 상징하게 될 것이며, 또 출입구는 3개의 거대한 문으로 형성된다. 동쪽문은 십자가의 오른쪽 맨 마지막에 있다. 서쪽문은 십자가 맞은 끝에 있는데 예수님의 고난과 죽음을 테마로 하고 있다. 지금은 건축 중이다. 남쪽문은 영광과 부활의 심볼로서 제일 큰 문이 될 것이고, 아직 까지는 손도 대지 않은 상태이다. 이 문들이 완성되면 12제자를 상징하는 12개의 첨탑을 갖게 될 것이다. 돔 주위에 있는 4개의 높은 첨탑은 4명의 복음서 저자인 마태, 마가, 누가, 요한을 의미하게 될 것이다. 여기에서 안내인으로부터 가우디의 일대기를 간단히 정리해 보자, 말년의 가우디는 성가족교회의 완성을 위하여 자신의 모든 재산을 교회의 공사대금으로 다 털어 넣고 예배당 미사에 참석하기 위해 거리를 걸어가다가 불행이도 전차에 치어 사망하고 말았다. 경찰에서도 너무나 초라한 가우디의 모습을 뒤늦게 알았다고 한다.

구엘공원은 바르셀로나 교외의 구릉에 있다. 이곳 역시 가우디의 작품이며, 원래는 훗날 주택을 지을 목적으로 조성된 녹지대였으나 건설 도중 자금사정으로 중단되어 원래 60호의 주택을 지으려던 계획이 30호 밖에 짖지 못하였으며, 1922년부터 공원으로 바뀌어 바르셀로나 시에서 관리하고 있다. 정면 입구에는 2개의 건물이 나란히 서 있다. 여러 가지 색깔로 장식된 외관은 동화속의 그림처럼 환상적이다. 그 이외 위쪽 86개의 기둥이 줄 지우고 있는 천장의 모자이크를 비롯하여 기타 벤치의 아름다움은 절로 감탄 할 수밖에 없다.

오른쪽에 있는 가우디의 박물관으로 가보자.

가우디의 데드마스크, 침대, 테이블, 의자 등의 가구도 볼거리다.

바트요 저택은 1905년부터 2년 동안에 가우디가 전체를 개축한 건물로서 벽면 디자인이 바로크 양식이다. 벽면에는 하얀 원형 도판을 붙여 녹색, 황색, 청색 등의 유리 모자이크로 가미 되어 있으며, 아침 햇살이 건물에 비출 땐 건물은 지중해의 파도 속에 마치 떠다니는 해조와 작은 동물을 보는 것 같다는 것이 가이드의 설명이다.

밀라저택은 가우디가 설계한 저택으로 1905년에 첫 삽을 시작하여 5년 동안에 걸쳐 완성 되었다. 벽면의 소재가 여타 저택과는 달리 석회암이라는 것과, 가우디는 석재를 연마하지 않고 꺼끌꺼끌한 그대로 쌓아 올린 것이 특징이다. 지금은 다소 퇴색 되었지만 최초에 완성 되었을 때는 저택 전체가 백색 이었다고 한다.

비센스저택은 가우디가 1878년에 완성한 작품이다. 근접해서 바라보면 마치 노란 타일로 그려진 노란꽃 건물을 타고 올라가고 있는 것 같기도 하다. 그리고 저택의 문과 쇠 울타리에 있는 종려나무의 디자인은 건물에 생명을 불어 넣고 있는 것 같기도 하며, 이 디자인은 구엘공원(전술)의 문 철책에서도 볼수 있다. 지금은 개인소유의 주택 이므로 들어가서 볼 수는 없다.

세번째이야기 |

중국 3대 석굴 문화탐방기

낙양용문석굴

돈황막고굴

운강석굴

신강성 위구르 자치구

일반적 소개

중국 북서쪽 끝에 있는 면적 165만 6900㎢, 인구 약 1,700만 명(2000년)의 성급 자치구이며, 성도는 우루무치이다. 남부 신장의 중앙 지역에는 50㎢가 넘는 타림(塔里木)분지가 광활하게 펼쳐 있고 그 주위

투루판

를 천산, 쿤룬(崑崙), 아얼진(阿爾金), 카라코람 등 여러 산맥들이 둘러싸고 있다.

타림분지 남쪽에는 양잠이 성하며, 천산이나 알타이 등의 고산지대에는 산림도 무성하다. 그밖에 광물자원이 풍부하고 석유의 매장량이 많다. 또한 우루무치 부근에 류다오완(六道灣)탄전이 있으며, 철, 망간, 유색금속, 운모, 중정석, 황산나트륨, 석고, 황, 암염의 매장량도 많다.

평균 해발고도 3,000m가 넘는 천산산맥의 봉우리들 사이에는 산림과 수초가 무성한데, 특히 투루판 분지는 해면하(海面下) 154m에 해당하며, 중국에서 가장 낮은 지대이다.

이곳은 한민족(漢民族)이 옛부터 서역이라고 부른 지역의 일부로서 동서교통의 요충지였으며, 물과 목초를 찾아온 유목민족들이 타클라마칸사막 주변에 여러 도시국가들을 세워 지배했다.

청나라 때인 1884년 이후 신강성이라고 하였으나, 1955년부터 위구르족의 자치구가 되었다. 지금도 10개가 넘는 소수민족이 살고 있으며, 전 인구의 3분의 2가 위구르족이다. 현재 중국 신강성 인구 중 위구루족은 1000만 명이 넘는다. 하지만 타클라마칸 인근에 살고 있는 위구르인들은 예전부터 중국을 외세로 여겨왔고, 이슬람 문화를 고집하고 있다. 위구르족 외에 그 다음이 한족과 카자흐족, 그 밖에 회족, 키르기스족, 몽골족, 타지크족, 우즈베크족, 타타르족, 시보족, 다호르족 등이 자치주나 자치현을 구성하고 있다.

음식

신강성의 위구르족은 거리마다 매캐한 연기를 뿜어내며 양 꼬치를 굽고, '난' 이라고 하는 빵을 주식으로 먹는다. 양고기의 본고장이라 전혀 냄새가 나지 않게 조리하는 비법을 알고 있어 한국인의 입맛에도 맞다. 신강 전통 음식 중 가장 대중적인 것으로 라면을 들 수 있다. 일부 극단적 민족주의 성향을 가진 중국인들은 이탈리아 스파게티의 원조라고 주장하는데, 토마토 소스를 베이스로 한다는 점이 비슷하게 느껴진다.

신강시간

중국의 모든 지역은 북경의 표준시간을 단일 시간대로 고수하고 있지만, 북경에서 서쪽으로 2,500km(우루무치)~3,500km(카슈가르) 떨어진 신강위구르자치구에서는 베이징의 시간으로 모든 생활을 하기에는 불편하다. 특히, 여름철에는 밤 10~11시까지도 해가지지 않는 기현상이 벌어지기 때문이다. 그래서 신강위구르자치구에서는 북경 시간과는 달리 신강 시간이라는 별도의 시간 체계를 사용하고 있다.

버스나 기차 시간표, 관공서 업무 시간은 모두 북경 시간을 기준으로 한다. 하지만 비공식적인 모든 일에는 신강시간을 더 많이 사용한다. 신강 시간은 북경 시간보다 2시간 늦다. 즉, 신강 시간은 우리나라 보다 3시간 늦다.

우루무치(烏魯木齊)

우루무치는 신강위구르자치구의 중심도시로 천산의 북쪽 산기슭에 자리 잡고 있어 산과 물이 도시 주변을 둘러싸고 있으며 광활한 평야가 펼쳐져 있다. 이런 자연환경 때문에 위구르어로 "아름다운 목장"이라는 의미의 우루무치라는 이름을 갖게 되었다.

우루무치는 세계에서 바다와 가장 멀리 떨어진 도시로, 아시아 대륙의 중심이면서, 옛날 서양과 동양의 다리 역할을 했던 실크로드의 요충지이기도 하다. 위구르족, 한족, 회족, 카자흐족 등의 민족들이 오래 전부터 이곳에 자리를 잡고 찬란한 고대 서역문명을 창조해냈다. 여러 민족의 각기 다른 생활풍속은 우루무치의 특색 있는 문화를 형성하였다. 유목민족 특유의 경마, 씨름 등의 경기와 정교한 옥조각, 자수와 전통악기, 향이 짙은 밀크티와 각종 전통 먹을거리들은 확실히 사람들을 이곳에 끌리도록 한다.

우루무치는 광활한 대륙과 풍부한 천연자원을 갖고 있어, 동남부에는 천연염호(鹽湖)가, 북쪽으로는 석 와 철, 망간, 인 등의 광물이 매장되어 있으며, 수많은 야생 동식물 종이 서식하고 있다.

매년 5월에서 10월까지는 우루무치를 여행하기에 가장 좋은 시기로 이때는 꽃과 나무의 화려한 모습을 볼 수 있을 뿐 아니라 풍성한 과일의 향기를 맡을 수 있다.

천산 천지

중앙아시아 대륙, 실크로드의 중간에 있는 커다란 분지 타클라마칸사막이 있고, 이곳에는 사막을 가로 지르는 길이 2,555km의 대 장벽이 있는데, 이 장벽이 천산 산맥이다. 또 산맥의 북쪽을 천산북로, 남쪽을 천산남로라 부른다.

천산천지는 우루무치에서 동북쪽으로 100km가량 떨어져 있는 천산 산맥의 봉우리인 박격달봉에 위치한 고산호수 또는 산정호수이다.(해발

천산천지

1,980m) 도교의 여신인 서왕모와 주나라의 천자가 회담을 했다는 전설이 전해질 정도로 중국인들에게 성지로 여겨지는 곳이다.

천산산맥의 눈이 녹으면서 만들어지는 천지 주변에는 침엽수림이 자란다. 이러한 침엽수림은 박격달봉의 만년설과 어울러져 장관을 이룬다. 사시사철 기온이 낮은 천산에 눈이 녹지 않아 '중국의 알프스' 라고 불린다.

카슈가르

카슈가르는 천산 산맥 주위의 타클라마칸 사막 서부, 중국의 가장 서쪽에 위치하고 있는 도시이다.

BC 2세기 한(漢)이 서역(西域)과 교역할 때 성장한 중계무역 도시로, 중국에서 중앙아시아로 나가는 실크로드 길목에 위치하였으며 천산남북로(天山南北路)가 합류하는 교통의 요충지로 동서양의 문화가 만나 새로운 문화를 만들어 낸 곳이다.

「옥(玉)의 도시」라는 뜻의 카슈가르는, 현재 중국의 신장위구르자치구에 편입되어 독특한 문화와 전통을 계승, 발전시키고 있다. 전체 인구 중 75%가 이슬람교를 믿는 위구르족이 차지하고, 한족을 비롯한 17개의 소수민족이 각기 다른 문화를 공존하며 살고 있다.

특히 카슈가르는 2,000년 전부터 농축산물의 집산지로 유명해 거대한 재래시장이 아직 많이 남아 있다.

향비묘

향비는 위구르족 출신으로 17세기 중기 건륭제의 비(妃)가 된 인물이다. 몸에서 향기로운 냄새가 난다고 해서(실제로는 향기로운 사막대추꽃을 몸에 지니고 있었다고 한다) 향비(香妃)라는 이름이 주어졌다. 청조가 건륭제 때 군사 침략을 단행한 뒤, 청의 장군이황제에게 선물로 바치기 위해 그녀를 사로잡아 북경에 보냈다고 한다. 이 여인은 26살 때(1760) 청나라의 자금성에 들어온 후, 29세 때 사망하게 되는데 생활은 무척 힘들었을 것이라 추측한다. 건륭제의 총애를 받았다고는 하나 망향병에 시달리고 후궁들의 시기와 질투 속에서 3년 만에 병사하게 된다. 청나라가 실질적으로 서역까지 자신들의 통치권으로 흡수했다는 것을 알 수 있으며, 건륭제를 끝까지 거부하다 죽은 향비에 대한 위구르인들의 자부심과 존경을 느낄 수 있는 곳이다. 묘는 전형적인 이슬람 궁전 형식의 모양으로 건축되었다(향비에 대한 이야기는 여러 가지 설이 있다. 북경으로 가서 황제의 총애를 받으며 잘 지냈다는 설도 있다.)

에이타카르 청진사 - 청진사는 중국에서 이슬람 사원을 가리키는 말이다

에이티가르 사원은 카슈가르 시내 한가운데 있으며, 카슈가르의 상징과도 같은 존재이다. 이곳 신강 최대 규모이다. 이슬람력 846년(1422년)에 처음 창건된 이래 몇, 차례의 중수를 거치면서 1872년 지금의 규모로 확장되었다.

이슬람 건축 양식을 보이며, 그 안에는 아름다운 조각 무늬로 장식된 홀이 있어 이곳에서 예베드리고 있는 사람들을 볼 수 있으며, 하루 다섯 번씩의 기도시간에 기도하는 모습을 볼 수 있다.

불교문화의 흔적을 찾아 떠나다

하남성 낙양용문석굴, 감숙성 돈황막고굴

중국 하남성 낙양 용문석굴과 감숙성 돈황막고굴

인천국제공항에서 하남성 정주국제공항까지는 비행거리로는 2시간 정도이고 목적지인 낙양 용문설굴까지는 정주에서 리무진버스로 1시간 남짓한 거리다. 사실, 하남성은 인류 4대문명의 발생지인 황하유역의

문명이 꽃핀 곳으로 중국 7대고도 중 낙양, 개봉, 정주 등이 모두 하남성에 속한다. 인류의 문명이 시작된 하남성의 용문석굴과 돈황 막고굴을 찾았다.

용문석굴과 만나다

정주에서 낙양 용문석굴까지의 차창 너머로는 유우석묘, 두보고향, 백거이묘지, 백마사가 펼쳐진다. 가히 중국 제일의 문화역사 보고지임을 짐작 할 수 있다. 용문석굴의 가까이 인근식당에서 점심식사를 끝내고는 우선 탐방에 앞서 전문 안내인의 설명을 들으면서 투어를 진행한다.

용문석굴은 중국 하남성 낙양 남쪽 강기슭의 높은 곳에 있는 석굴이다. 육조시대의 북위(AD386~536) 때에 건축을 시작하여 6세기와 당대(AD618~907)까지 산발적으로 공사가 계속 되었다.

AD494년 북위의 수도를 평성(지금의 산서성 대동)에서 남쪽 낙양으로 옮긴 후 수 십년에 걸쳐 운강에 석굴사원을 건축한 대역사를 본받아 시작한 것이다. 용문에 있는 북위 때의 석굴(고양, 반양석굴 포함)들은 꾸밈새가 더욱 치밀하고 조상이 더욱 복잡하며, 또 단단한 돌에 가벼운 느낌을 나타내기 위해 정밀하고도 우아하게 다듬어져 있다.

불상이 입고 있는 옷의 원형은 중국학자들이 입던 의상이며, 그 옷의 주름이 평평하게 조각된 몸 전체를 흐르듯이 덮고 있다. 이 양식을 운강양식(→북위조상)과 구별하여 용문양식이라 부른단다.

현장에서의 작업은 소규모로 산발적으로 계속 되어진 것으로 알려지고 있다. 그중 당대3년(AD672~675)에 걸쳐 조영된 봉선사 석굴은 용문석굴 최고의 걸작이다. 한쪽 면의 길이가 3m 인 이 석굴의 벽면에는 약10m높이의 불상이 조각되어 있고 양편으로 여러 가지의 불상 또는 보살상들이 조각되어 있는 것의 주불이 봉선사의 비로자나불인데 당나라 고종의 황후였던 측천무후의 모습을 옮겨 놓은 것이라고 한다. 인자하고 부드러운 부처의 표정은 때로는 수줍은 여인의 모습으로 보이는가하면 엄숙하고 강한 의지의 모습으로 가까이 다가오기도 하고 단정하기가 그 무엇과도 비할 데가 없다.

측천무후를 닮은 비로자나불

본디 고종의 후궁이었던 측천무후는 황후 왕씨를 몰아내고 자신이 황후의 자리에 오른 뒤 나이 들고 무능한 고종을 대신해 정사를 돌보았다. 그는 불교를 숭상하였는데 스스로를 미륵보살이 재생한 것이라 칭하고 자기를 모델로 하여 불상을 제작하게 했던 것이다.

이것도 대동의 운강석굴의 주불이 북위 5황제의 모습과도 같도록 조각한 것이 불교를 정치에 이용한 것쯤으로 대동소이하게 생각할 수 있다는 것이 안내인의 설명이다.

이외에도 석굴 안에는 2,100여개의 불감, 불상이 10만개의 석각, 탑명이 약 3,600개의 등으로 새겨져있다. 이와 같이 용문석굴은 규모가 방대하고 내용이 풍부하여 세계 조각예술의 보고라고 불리기에도 손색이 없다 하겠다. 다소 아쉬운 점이 있다면 모택동 공산당 주석의 지휘 아래 문화혁명 당시 젊은 홍위병들에 의해 석굴 접면 부분이 상당히 파괴되어 있다는 것이다.

세계의 화랑, 돈황의 막고굴

이튿날, 피로도 잊은 채 '세계의 화랑' 이라고 불리는 돈황의 막고굴에 접어들었다. 돈황은 낙양으로부터 1500km거리이고 3시간 여만에 국내선 비행기로 안착하였다.

돈황은 망망대해 같은 고비사막에 흡사 청색물감을 몇 방울 떨어뜨려 놓은 듯한 곳으로 돈황의 오아시스라고 느껴졌다. 서쪽은 다클라마칸 대사막이고 이어 파미르고원을 넘으면 독립국가 연합으로 분할된 중앙아시아다.

돈황막고굴

이곳은 서역의 여러나라에서 중국으로 무역하려는 대상이나 사신들이 묵은 곳으로 알려지고 있다. 또 중국에서 서역으로 떠나는 무역상과 구법승은 여기에서 기나긴 여행의 준비를 하기도 하였으니 돈황은 미지의 나라에 동경과 낭만적인 탐구심을 불러일으키는 관문인 곳이다. 돈황의 상징은 사막에 펼쳐진 세계의 대화랑 막고굴(一名, 천불동)이다. 청나라 말기, 명사산기슭 천불동의 주지승 왕원록이 아편을 피우려고 불을 당기자 선향의 연기가 벽으로

빨려 들어가 부수어보았더니 다량의 정문을 간직한 동굴이 나타났다고 한다.

천불동을 만들어낸 명사산은 바람이 세고 모래 언덕의 모래가 날카롭게 운다하여 붙여진 이름 앞에는 '대천하'라는 강이 흐르는데 이 강이 명사산의 기슭을 깍아 단애를 이룬다. 깎아지른 벽면을 바로 뚫고 형성된 1,000여개의 석굴이 막고굴이다. 안내인의 설명에 의하면 20세기 초에 발견된 석굴사원 가운데 하나는 1015년경에 지어진 것으로 AD5~11세기에 만들어진 무려 2만점 가량의 그림과 필사본들이 소장

되어 있었다고 한다.

그들은, 왜 이곳을 찾았을까

여기에는 불교뿐만이 아니라 도교, 조로아스터교 내스토리우스교의 경전들과 중세 중국 사회의 역사를 탐구하는데 중요한 자료로 평가되는 평신도들이 직접 쓴 기록도 상당히 많이 포함되어 있었다고 한다.

돈황의 막고굴은 우리에게 잊을 수 없는 곳인데, 신라의 고승 해초의 왕오천축국전이 제17호굴 장경동에서 나왔다는 사실만으로 깊은 인연으로 맺어진 곳이기 때문이다.

천불동의 귀한 경문이 소상히 우리에게 빛을 보이게 된 것은 1905~1908년 제정러시아의 지질학자와 불란서의 동양학자 폴페리오가 동굴을 발굴 조사한 덕분인 것으로 알려지고 있다.

천불동의 1,000개의 석굴 중 우리일행이 답사한 곳은 17호 동굴을 포함하여 27개에 불과하다. 현지 관광스케줄에 따르기 때문이다.

그리고 이곳은 관광객들에게는 사진 촬영을 불허하고 있어 몰래카메라로 12장 내외만을 찍은 것이 아쉽다. 인도의 승려 신라의 해초 등 많은 수도승들이 무엇을 위해 이곳의 뜨거운 모래와 작열하는 태양 속을 걸어갔던가? 어쩌면 돈황은 인간이 궁극적으로 추구하는 인간역서의 비밀이 간직된 곳인지도 모르겠다.

중국의 7대고도의 하나인 운강석굴이 자리잡고 있는
산서성 대동을 찾아 떠나보는 불교문화 탐방기

산서성 대동운강석굴

수도 북경에서 대동까지는 북으로 400km이고 야간열차로는 7시간 거리이다. 이곳 산서성의 총면적은 15만㎢(우리 남한의 1.5배)이며, 우리나라가 봄철이면 불청객이지만 꼭 맞이하여야만 하는 황사가 고비 사막을 뿌리로 한다면 이곳은 중간 숙주 격일까? 우리에겐 아주 귀찮은 존재이다. 거리를 거닐다보면 전신에 뒤집어쓴 황토먼지를 떨어내기가 만만치 않다. 고도 대동시는 북쪽 맨 마지막에 위치하고 있다. 이 곳은 오랜 문화와 역사를 보존하고 있는 도시다. 대동시 북쪽 가까이쯤에는 몽골과의 국경을 접하고 또 만리장성이 있다.

오랜 역사의 고도, 대동

대동의 역사는 전국시대를 바라보면 조나라와 접경한 군사전략적으로 민감한 중요 도시였다.

운강석굴

지금은 러시아를 향한 전략미사일 부대가 배치되어 있는 것으로 알려진 곳 한나라 때에는 북방민족을 막기 위해 이곳에 평성현을 설치하였으며 북위는 이곳을 수도로 삼았다.

당나라 때에는 운주로 불렸으며 요나라 때에는 비로소 지금의 대동으로 도시명을 바꾸었다. 역사적으로나 문화사적으로나 한족이 배제된 북방민족이 세운 왕조가 지배했던 기간이 긴 도시이기도 하다.

대동시가 오랜 역사의 고도임을 알려주는 곳이 도시주변을 둘러싸고 있는 성벽이라던지 명·청대의 유적인 구룡벽과 오룡벽이 대동의 찬란했던 역사를 장식하고 있다. 대동의 대표적인 유적지인 운강석굴은 대동에서 조금 서쪽(16km 지점)에 있다.

계곡을 따라 만들어진 운강석굴에 가는 길에는 석탄을 가득 실은 열차와 트럭이 끝이 없다. 대동시를 포함한 산서성의 석탄 매장량은 14억 중국인이 4,000년을 파먹을 수 있는 양이란다.

자원이 빈약한 우리에게는 그저 부러움만 가득 하더라. 운강석굴은 가장 유명한 석굴인 돈황 막고굴 낙양의 용문석굴과 함께 중국에서 가장 유명한 석굴인 3대 석굴의 하나로 유네스코가 인류문화유산으로 정한 보고이기도 하다.

산재된 불교문화의 유적

이 석굴은 육조시대에 해당하는 5세기 건축이다. 모두에서 기술한 바와 같이 현재 대동시의 서쪽 16㎞지점, 만리장성의 부근 접경에 위치하고 있다. 축조당시 것이라고 할 수 있는 북위시대(AD386~534)의 유물이 함께 있는데 이것은 가장 오래된 불교예술의 유적이다. 동서길이가 1㎞에 이르는 무주산 남쪽 기슭의 부드러운 사암으로 되어 있는 절벽을 파서 대굴 21개, 중굴20개, 무수한 소굴 불감들을 제작하였다. 현존하는 주요석굴이 53개, 불상이 51,000개이다. 이 가운데 몇 개는 단순한 크디큰 석가모니상(높이 14m)을 휘감고 있는 방같은 것이지만 후실에는 석굴도 있다. 초기의 5대 석굴은 AD460년 무렵 당시의 종교장관(사문통) 담요가 주관하여 건립한 것으로 알려지고 있다.

이유인즉, 이민족인 탁 발씨가 세운 북위의 황제들이 AD446~452년의 혹독한 불교탄압의 속죄에 대한 뜻으로 취한 조치로의 첫 번째 사업이었다.

석굴마다 들어선 거대한 불상은 북위초기의 다섯 황제의 모습으로 비치는데 이를 보아 짐작컨대 조정에서 불교가 정치에 이용되었음을 알 수 있다. 지금 존속하고 있는 석굴은 AD494년 까지 30여년에 걸쳐 만들어진 것이다. AD494년 북위는 수도를 하남성 낙양(현재 중국의 7대고도의 하나)으로 옮겼으며 이후 일련의 석굴사원을 용문(필자 2003.12. 탐방)에 만들었다.

다국적 예술작품인 운강석굴

수많은 뛰어난 조각상(가장 중요한 석가모니상과 상대적으로 수효가 적은 보조불상)은 궁극적으로 인도 불교예술에 기원을 둔 다양한 영향을 받았다고 판단할 수 있다. 이곳에서 만들어진 이후의 주요작품에는 중국 고유의 양식과 형태에서 근거를 둔 새로운 중국 양식이 나타났다. 그러나 운강석굴은 첫 번째 유형의 양식으로 후기의 용문석굴은 2번째 유형의 양식으로 규정짓는 것을 일반적인 것으로 알려지고 있다.

전술한 바대로 종교(불교)가 북위(조정)의 통치수단으로 더나가서는 불심으로 왕국으로 보존하고 싶었던 것이다. 석굴은 공사의 규모가 큰 만큼 많은 노동력과 기술이 필요했다. 유목민족에게는 문화축적이 미약한 만큼 전쟁을 치르면서 붙잡은 포로들과 피정복민들을 강제로 이주시키고 좋은 기술의 장인들을 적절히 이용하였다. 포로들은 이웃주변에서 잡아온 사람들이었다.

이런 이유로 운강석굴은 다국적이라고 할 수 있는 예술적 작품으로 알려지고 있다. 굴은 전실과 주실 두 개의 방으로 된 형식과 하나의 방으로 된 형식으로 돼 있다. 주실의 평면은 방형 또는 타원형이다. 주실 중앙에는 천장까지 연결된 탑을 두고 그 네(四)면에 불상을 안치하였다. 주실 뒷벽에 감실을 파고 불상을 안치한경우도 있다. 그래서 채광이 문제가 되었다. 굴의 높이가 높다는 점이 문제가 되어 굴 앞쪽의 벽면 아래부분을 출입을 위한 길로 뚫고 그 위에 창문을 만들었다.

부처님의 얼굴이 한층 돋보인다. 주변의 벽면에는 불교적인 장식을 조각하였으며 장식들에는 그리스와 로마의 건축이 떠오르게 하는 이오니아식 기둥도 보인다. 인도와 페르시아 무늬도 포함되어 있다. 북위와 접해있던 다량의 국제적인 문화현상이 전시되고 있다. 교통수단이 발전하지 않던 시절 상상을 초월한 문화교류가 있었다는 사실에 그저 놀라울 뿐이다.

운강석굴의 건물구조는 거의 동일하다는 것이다.

기둥위에 구두를 올려놓고 그 위에 수평의 긴 부재를 걸쳐 놓았다. 'ㅅ'자형으로 생긴 부재와 짧은 수평부재를 번갈아 놓고 서까래를 받치기 위해 수평의 긴 부재인 도리를 올려놓았다.

고구려 고분벽화와 닮은 운강석굴 무늬

필자가 운강석굴에 또다른 관심을 갖은 사유는 석굴의 형태, 구조, 용마루, 용마루위의 화염무늬가 고구려의 고분벽화에 그려져 있는 건축도와 매우 닮은꼴을 하고 있다는 것이다.

이 사실 확인은 석굴을 탐방하기 전 사전 자료수집을 하던 중 원강대학교 김도경 교수가 쓴 글에서 밝혀진바를 본 필자가 금번 여행에서 재확인 한 것임을 밝혀둔다.

고구려 고분들은 조영시기가 운강석굴보다 앞서며, 광개토대왕은 북위와 여러 차례 전쟁을 치른다. 이후 장수왕은 남진책을 추진하면서 국경을 접하던 북위와 빈번히 통상하고 남쪽의 송과도 천교를 맺어 북위를 견제하는 전쟁과 화친의 인적 · 물적 교류도 활발하였다.

이런 당시의 상황들을 득하다보면 운강석굴에 고구려적인 건축양식이 반영된 것을 알 수 있다. 인간이 종교를 만들었지 종교가 인간을 만든 것이 아니라고 하지만 인간이 만든 불심이 남긴 운강석굴의 장대 무비함과 경이로운 아름다움에 이곳을 찾는 이의 경탄을 금할 수 없을 것이다. 또 이곳에서 우리조상의 얼인 고구려인의 발자취와 흔적을 발견하고는 요즈음 중국이 동북공정 운운하는 역사왜곡의 작태도 하나의 비교대상으로 떠오르기도 하나 운강석굴은 사물로서의 평가물이 아닌 살아있는 피안의 존재로 더욱 친밀하게 다가오더라.

네번째이야기 | 실크로드 천산남로

문화탐방기

실크로드 천산남로 탐방기

※신강성 위구르 자치구 수도 우루무치에서 – 쿠얼러 – 쿠차 – 민풍 – 호탄 – 카스까지사막공로 3,700km 9일의 여정의 정복
(지명(고유명사등) 기입은 중국어; 위글어 발음중에서 그때그때마다 필자편의대로 표기하였음)

실크로드 천산남로 탐방기

신강성 위그르 자치구수도 우루무치에서 – 쿠얼러 – 쿠차 – 민풍 – 호탄 – 카스까지 3,700km의 사막공로(천산남로) 9일의 여정은 끝없는 대자연에 – 의 도전이고 문화탐방이었다.

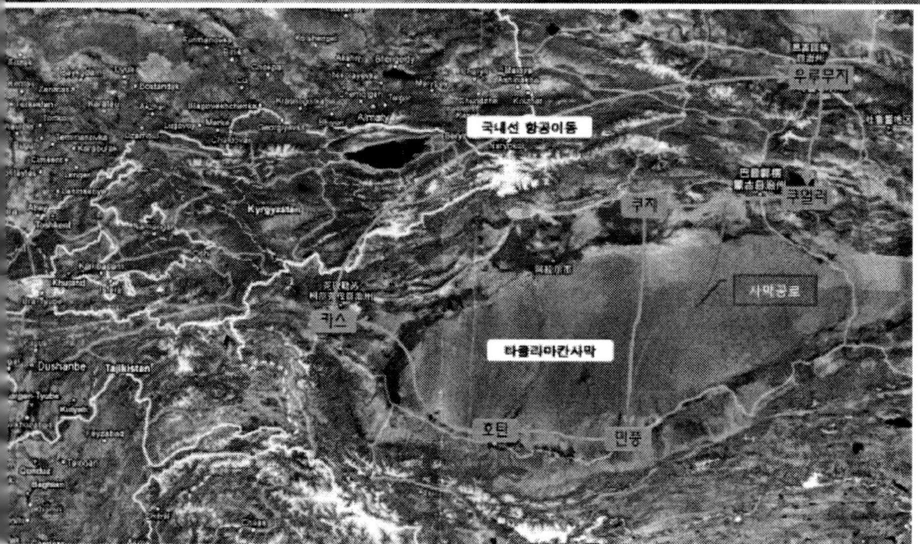

타크라마칸 사막 지도

우리는 실크로드에 대하여 깊이 아는 것이 없다.

그저 하나의 상식으로서 고대 동서교역로 정도로 알고 있을 뿐만, 그러나 지구는 점점 좁아져 가고 있다.

여행기에 앞서 먼저 실크로드에 대한 개요를 전문책자 혹은 기타 참고자료 등에서 정리하여 보는 것이 기행문을 이해하는 도움이 될까 싶어 간추려 본다.

실크로드란 내륙(內陸) 아시아를 횡단하는 고대 동서 통상로(東西通商路)에 대하여 근대에 와서 붙인 아칭(雅稱)으로 [비단길] 이란 뜻이다. 동방에서 서방으로 간 대표적 상품이 중국산의 비단이었던 데에서 유래하는데 물론 서방으로부터도 보석, 옥, 직물 등의 산물이나 또는 불교, 이슬람교 등도 이 길을 통하여 동아시아에 전하여졌다. 이 통상로에는 타클라마칸 사막의 북변을 통과하는 [서역북도(西域北道)]와 같은 사막의 남변을 경유하는 [서역남도(西域南道)]가 있으니, 똑같이 파미르 고원을 넘어 서(西) 투르키스탄의 시장에 이르며, 또한 동방으로는 깐수성 둔황에서 합해져서 외길로 되어 황허강 유역까지 이르고 있었다, 다만 초기의 것은 뜬황의 서방에 위치하는 르브노르의 동단(東端)에서 남북으로 갈라져, 북도는 후베이의 누란(樓蘭, krorayina)을 경유하여, 두 오아시스를 국제 시장으로 번영케 하였다.

그러나 3세기 경 부터 르브노르 일대의 건조화(乾燥化)가 진행되면서, 북도는 뜬황에서 북행하여 텐산 산맥(天山山脈)의 동단 투르판 분지를 경유하여, 카라샤르, 쿠차, 카슈가르에 이르게 되었고, 한편 르브노르의 남안을 서쪽으로 향하여 호탄에 이르는 남도는 점차 이용도가 낮아져 갔다. 그 때문에당조(唐朝)의 서역 경영은 제 2차의 서역 북도에 따라 행하여졌으며, 후대에 텐산남로(天山南路)의 호칭이 생기게 된 것도 같은 서역 북도였다.

실크로드는 타클라마칸 사막의 주변에 산재한 다수의 오아시스 나라들의 대상 활동에 의하여 유지된 것으로 그 무역의 이익은 동방에서 중국인을, 북방에서 유목민들, 또 남방에서 티벳인을 끌어들여 그들에 의하여 강화되었다.

그러나 한편 이와 같은 외부세력에 의하여 시장이나 상로를 독점하려는 군사적 진출이 있었기 때문에 아시아의 형세를 좌우할 만큼 되어 있었다. 이 길의 동방과의 연결은 BC 2세기 후반의 한무제(漢武帝) 때라고 하지만, 그보다 2세기나 앞서서도 이미 동서의 교섭이 있었던 증거가 지적되고 있다. 그것은 중국의 전국시대(戰國時代)부터 한대(漢大) 초기에 걸쳐 깐쑤성 서부를 점거하고 있던 월지(月氏; 禺氏)가 비단의 중계무역에 종사하였다는 흔적이 있기 때문이다.

그것은 당시 서역의 옥(玉)이 월지의 중계로서 활발히 중국으로 수입되었고 이것을 중국인이 [우씨(禺氏)의 옥]이라고 부르는 데서 추측이 된다. 그 옥의 대가로서 당연히 비단의 수출을 생각하게 되기 때문이다.

이와 같은 동서무역은 한무제(漢武帝)때에 이르러 크게 조정의 관심을 불러일으켰으며, 장건(張騫)이 서역으로 특파 (BC 139~BC 126)된 것을 계기로 하여 처음으로 서방의 사정이 공적 기록에 오르게 되었다.

그 후 역대의 왕조는 예외 없이 동서의 무역에 열의를 나타내어 실크로드를 통과하는 여러 오아시스 나라들을 정치적으로 지배하려는 움직임도 활발하였다. 이와 같은 정세 하에서 서방의 물건이 활발히 중국으로 도래하였으니 서방의 문물, 특히 이란의 배화교(拜火敎), 마니교(敎) 및 로마에서 이단시(異端視)되었던 그리스도교의 한 파인 네스토리우스파까지도 중국으로 전래되었다.

7세기 중엽에 당조(唐朝)가 타림 분지에서 안서도호부(安西都護府)를 설치한 무렵은 실크로드의 최성기(最盛期)라고 생각된다.

그러나 안녹산(安祿山)의 난이 일어나고(755년), 티벳군의 진출이 있어 당조와 서역과의 직접적인 교섭이 단절되자 서역의 동부는 위구르인(人)이 점거하여 의연히 고대부터의 문화를 계승하고는 있었으나 서부에서는 이슬람 세력이 진전하고 있어서 실크로드는 중간의 파미르 근처에서 중단되는 경향이었다.

이와 같은 경향이 결국 정치적으로 투르키스탄이 동서 2분으로 연계되어 오늘에 이르고 있다. 또한 중국의 비단을 서방으로 운반한 점을 중시한다면, 실크로드가 점하는 범위는 더욱 넓게 되어 이란이나 지중해 연안까지 연장되기도 하고, 북아시아의 유목민을 매개로 하는 스텝 지대를 관통하는 교역로(스텝 루트)나 남방의 남해제국(南海諸國)을 매개로 하는 해상교역로(시루트)를 포함하지 않으면 안 된다.

제 1일자 우리나라의 국적기가 웅장한 굉음과 함께 현지시간 오후 11시 50분에 우루무치 국제공항에 안착한다. 설레는 마음가짐으로 시야를 살피는데 현지 가이드가 필자 일행을 반갑게 맞이한다. 공항에서 투숙지 호텔까지는 30여분을 조금 넘는 거리다. 필자가 여행하는 천산남로는 신강성 위구르자치구에 전부 속하므로 이곳의 개괄적인 오리엔테이션을 가는 도중에 안내인이 각자에게 나누어 준 유인물과 안내인의 설명으로 대체 정리한다.

신강성 위구르 자치구는 중국의 북서부에 있는 자치구, 산맥과 사막으로 이루어진 매우 넓은 지역으로 북동쪽은 몽골, 북서쪽은 러시아 연방, 남서쪽은 아프가니스탄 및 분쟁중인 잠무카슈미르 지역, 남동쪽은 시짱 자치구, 동쪽은 청하이 성, 간쑤 성과 접하고 있다.

신장 남부는 한 대(韓代:BC 206~AD 220)에 중국의 지배를 받았다. 그 후 이 지역 출신의 위구르족 통치자가 지배하기도 했으나 13세기에 몽골의 지도자 칭기즈 칸에 의해 정복당했다.

청대(淸代:1644~1911)에 다시 중국의 지배하에 들어가 1884년 중국 성(省)의 하나가 되었다. 그러나 지리적으로 멀리 떨어져 있어 현지의 반독립적인 군벌의 지배를 받았다. 1949년 중국공산당의 통치를 받았으며, 1955년 신장웨이우월 자치구가 되었다. 주도는 우루무치이다.

중국에서 가장 넓은 행정단위인 신장웨이우얼 자치구는 바위가 많고 외따로 떨어진 산맥과 광활한 사막분지로 이루어진 지역이다. 지형 상 북부 고원 준가얼분지, 톈산 산맥(천산산맥), 타림분지, 쿤룬 산맥 등 5개 지역으로 나눌 수 있다. 준가얼 분지는 북동쪽, 남쪽, 북서쪽이 산맥으로 에워싸여 있으며 동쪽과 서쪽은 트여 있다.

자치구의 거의 1/4을 차지하는 톈산 산맥은 경사면을 따라 내려오는 긴 빙하가 수없이 많으며, 만년설로 덮여있다. 타림 분지는 3면이 산맥으로 둘러싸여 있으며, 중앙부의 사막과 고립된 오아시스로 이루어져 있다. 사막은 넓이가 70만㎢에 달하는 완전한 불모지대이다. 해발 7,300m에 이르는 쿤룬 산맥은 자치구 중앙부에 통과하기 매우 어려운 장벽을 형성하고 있다. 이 자치구는 바다로부터 멀리 떨어져 있는 높은 산맥에 의해 폐쇄되어 잇다. 기후는 건조한 대륙성기후이며 강수량도 아주 적다.

신장웨이얼 자치구에서는 13개의 상이한 민족집단이 살고 있다. 그 가운데 가장 많은 수효를 차지하고 있는 것은 위구르족과 한족(漢族)이다. 그 밖에 몽골족, 이슬람교도인 후이족, 카자호족, 우즈베크족, 통구스어를 쓰는 만주족, 시보족, 타츠히크족, 타타르족, 러시아인, 타후르족이 있다. 주민들은 준가얼 분지와 타림 분지에 고루 퍼져산다. 제 3의 소수민족인 카자흐족은 준가얼 초원지대에 거주하는 유목민이다. 위구르족과 후이족은 이슬람교도들이며, 몽골족은 불교를 신봉한다. 북부와 남부는 생활방식도 차이가 난다. 북부에서는 주민의 약 40%가 농사를 짓는 반면, 남부에서는 대략 비슷한 수의 주민이 목축업에 종사한다. 우루무치, 커라마이, 익닝, 카슈가르가 4대 도시이다.

신장 지역은 기후가 건조하기 때문에 토지경작을 거의 전적으로 관개에 의존한다. 주요작물로는 겨울 밀, 옥수수, 벼, 수수, 기장을 들 수 있다. 또한 이 지역은 중국의 주요과일 생산지역으로 하미의 달콤한 멜론, 투르판의 씨 없는 포도, 이리의 사과가 유명하다. 가축으로는 양과 말이 중요하다.

광물자원으로는 납, 아연, 구리, 몰리브덴, 텅스텐이 매장되어 있다. 타림 분지 및 우루무치, 커라마이 사이에는 생산량이 많은 유전이 잇다. 중공업으로는 우루무치에 철강제작소와 시멘트 공장이 있으며, 카슈가르에 농기구공장이 잇다. 농산물 가공공장도 원료 생산지 부근에 세워

텐진산맥

졌다. 신장은 도로 사정이 좋은 곳이다. 간쑤 성에서 우루무치에 이르는 지역을 가로지르는 철도가 있으며, 투루판, 쿠얼러를 잇는 남부지선도 있다. 항공노선은 우루무치에 집중되어 있다.

면적 1,656,900㎢, 인구 17,000,000으로 알려지고 있다.

제 2일자 이튿날이다 상쾌한 기분으로 호텔식으로 조찬을 끝내고는 출발지인 우루무치에서 26인승 전용버스에 몸을 싣고 최종목적지인카스로 행한다. 공로거리 3,700km 9일 여정이다. 아찔한 기분이 앞선다. 여기에서 실크로드를 두고 한 가지 알리고 싶은 것이 있다면 실크로드 여행을 단 한번으로 마지막까지 끝내기란 비용 상 시간상 거의 불가능 하다는 것이 객관적 사실임이 전문가들의 공통된 이야기이다.

예로 들자면 제 1단계 초보자코스가 서안 - 난주 - 옥문관 - 돈황 - 두루판 - 우루무치로 1주일에서 10일정도 여행하는 천산북로 코스이고(필자 1994. 5. 여행필함)

제 2단계 코스가 중급코스로 우루무치 - 카스 - 파키스탄(군자랍 - 훈자 - 길기트 - 페샤와르)으로 연결되는 천산남로 코스로 10일정도 여행하는 코스이고(필자 1997. 8. 여행필함)

제 3단계 코스가 준 난이도 코스로 우루무치 - 알마타 -키르키스탄 - 타슈켄트 - 사마르칸트로 연결 되어지는 천산북로 코스이고(필자 2002. 6. 여행필함)

제 4단계 코스가 이곳 역시 준난이도 코스로 우루무치 - 쿠얼러 - 구차 - 민풍 - 호탄 - 카스로 연결되어지는 천산남로 코스이며(필자 2009. 7. 여행필함)

제 5단계 코스가 난이도 고급코스로 아프가니스탄(카불(필자 1988. 9 여행필함) - 이란(페르시아 (필자1996. 8. 여행필함) - 터키(필자 1997. 8. 여행필함) - 마케도니아발칸(필자1993. 10. 여행필함) 필자사실 이 5단계코스 만큼은 정통 스트레이트 코스로 길을 잡지 못하고 군데군데 짜깁기 식의 실크로드 여행이었음이 아쉬운 사실이고 필자 현재 쓰고 있는 기행문이 4단계 코스로 알려지고 있는 실크로드 천산남로 문화 탐방이며, 대자연으로의 작은 도전이라고 말할 수 있겠다.

쿠얼러로의 출발이다.

가이드의 설명에 의하면 쿠얼러까지는 최저속도 시속 50km 최고속도 80km로 달리다 보면 약 8시간이 소요된단다. 단단한 마음가짐으로 투어에 임하기는 하지마는 겨우 3시간 정도 달리는데 사막공로가 첫두려움 인지 필자를 포함하여 일행 모두들 다소 피로해하는 모습이다.

1차 목적지인 쿠얼러가 도착 예정시간인 승차거리 8시간보다 2시간

늦게 가까이 10시간 만에 공로에서의 황사와의 고군분투 끝에 도착한다. 여행 중에 이곳 사막에서는 대소변이 제일 힘든 일이더라

공식적인 화장실이라곤 수십 km 이상의 거리에 있는 공로의 주유소 화장실이 전부인데 2시간 이상 달려야하는 자동차 거리이고 설상가상으로 얼마나 비위생적이냐 하면 상상으로 덮어두고 그 나마의 화장실을 발견할 수 없을 때에는 긴급함을 운전기사에게 알리고 급정차하여 볼일 등을 봐야하는데 남자들은 사막 아무 곳에서나 서서 볼일이 가능하나 여자들에겐 서로가 남자의 눈을 피하여 반대로 앉아 체면 불구하고 볼일을 보는 수밖에 없다.

이곳 신강성의 기후는 1998년 카라코럼 하이웨이투어 때 방문한 파키스탄 훈자와 비슷한 심한 대륙성 기후인지 훈자에서와 마찬가지로 살구가 지천이다. 필자 당시를 회상도 하면서 살구를 얼마나 먹었는지 배탈이 났다.

나중에 가이드한테 들은 이야기인데 살구를 많이 먹은 후에는 녹차를 마시면 십중팔구는 배탈이란다. 필자는 녹차를 즐기는 편이라 배탈이 그 이유란 사실을 뒤늦게 알고는 때늦은 후회를 하였으나 후유증이 투어의 전 일정을 조심스럽게 괴롭히더라. 쿠얼러시에 도착하기 전 다운타운 근거리에 있는 중국에서 가장 크다는 내륙담수호인 보스텅 호수에서 휴식 겸 관광을 겸하여 20여 분간 보트를 타고 주위를 둘러본다.

넓이는 1,228㎢이며 평균수심은 10m 옛날사람들은 이 호수를 바다와 같이 크다고 해서 서해라고 불렀으며 여름에는 신강 사람들에게는 물놀이를 즐기는 피서지이고 물고기를 공급하는 어장으로 알려지고 있다.

이 호수가 필자의 눈에 비치기로는 몇 년 전인가 투어 한바있는 러시아의 바이칼 호수에 비한다면 청결함이라 던지 신선함이 별로더라.

이어 쿠얼러시의 북쪽에 있는 철문관에 도착한다, 철문관은 고대 타림분지로 들어서는 중요한 군사요충지 길목이었기에 진대(진대:256-420)에 이곳에서 군사요충지로 문을 설치하였으며 당대시인 잠상의시 〈제철문관루〉는 이곳을 읊은 것이라고 현지 안내인의 설명이다.

쿠얼러다 자동차에서 내리지 않고 라운드 트립과 한시간반정도 안내인의 설명과 필자가 준비하여 가지고 있는 자료들을 참고로 하여 쿠얼러를 정리한다.

이곳은 중국신간 위구르 자치구 바인궈링 몽골 자치구의 직할시, 자치주의 주도이다, 텐산 산(天山) 남록의 타림 분지 북동쪽 기슭에 있으면서 신장 남부의 문호를 지키고 있다. 신장 제2철도의 간선인 난장 철도(南張鐵道 : 투루판 - 쿠얼러)의 종점이다. 지형적으로 신장 남부의 교통의 요지이며, 간선도로가 우루무치, 아커쑤, 뤄창으로 통해있다. BC 68년에 한나라는 서역을 왕래하는 사신들의 안전을 보장하기 위해 이곳에 군대를 주둔시켰다.

1929년 언기 현에서 쿠얼러 설치국을 만들었는데, 뒤에 현으로 개칭되었다. 1979년 쿠얼러 현 내에 시를 설치했다. 1983년 쿠얼러 현을 폐지하고, 행정구역을 해당 시에 편입시켰다. 신시가지와 구시가지가 쿵췌 강 양안에 걸쳐 있다.

구시가지는 옛 역로의 요지로 상업이 발달했다. 주위의 토지는 비옥하며, 쿵췌 강의 물을 관개와 발전에 이용한다. 품질이 우수한 장용면을

생산하는 주요산지 가운데 하나이며, 특산품으로는 배가 있다. 방직, 제지, 전력, 석탄, 화학, 농기계 등의 공업이 행해진다. 면적은 696㎢, 인구는 460,000명으로 알려지고 있다.

제 3일자이다 호텔식으로 조식을 끝내고는 쿠처로의 이동이다.

예정시간보다 4시간이 더 걸리는 8시간의 거리가 구처다. 목적지에 도착하기 전 길목에 구처 여행의 하이라이트라고 일컬어지는 천산신비 대협곡의 그 장엄한 웅자가 펼쳐진다. 전체가 사막으로 모래만의 지평선이 아련 거리고 당나라 때 만들어진 봉화대가 마치 등대와 같이 사구(砂丘)위에 세워져있다.

가까운 천산에는 희안한 절벽들이 다양한 모습으로 비친다. 이를 두고 이곳사람들은 어떤 절벽은 티벳라사의 포달랍궁을 닮았다 하여 포달랍궁이라고 부른다. 오늘의 목적지 구처에 도착이다, 구처(구차)가 어떤 곳인가를 정리하여 보자.

이곳은 신강 위구르 자치구에 있는 오아시스 도시 아커쑤 지구 일부를 이루고 있는 현청소재지이다 쿠처의 오아시스는 타림 분지 북쪽 가장자리에 있는 텐산산맥(天山山脈)남쪽 경사면에 있다. 이 오아시스는 구처강과 무자티 강에서부터 물을 공급받는다. 이 강들은 우기에는 타림 강으로 흘러들지만 나머지 1년 중 대부분의 기간에는 타클라마칸 사막 북쪽 가장자리에 있는 염습지로 흡수되어 사라져버린다.

한 대(BC 206~AD 220)에는 서역국가 구자(龜玆)의 땅이었고, 원대(1279~1368)에는 고차(苦叉), 고철(庫徹)이라는 이름으로 알려졌으며, 청대(1644~1911)에 이르러 "쿠처" 라는 이름으로 불렀다. 고대에 이곳에는 인도유럽어족에 속하는 일종의 토카라어(토카라 방언 또는 토카라어의 서부 방언)를 사용하는 아리아인이 살고 있었다, 아커쑤와 엔치사이에 있는 이 오아시스는 타림분지를 통과하는 실크로드의 북쪽 노선 상에 자리 잡은 중요한 중심지였다.

바이족의 지배를 받고 있던 시절에는 중요한 불교 중심지가 되었다. 유명한 키질동굴(후술)에는 이 시기의 유적이 남아 있다. 3~7세기의 불교의 가르침을 중국에 도입한 승려들의 대부분이 쿠처 출신이었는데 그중 몇 사람은 쿠처의 왕족이었다. 쿠처는 또한 뛰어난 음악가를 많이 배출한 것으로 중국에 널리 알려져있다.

당대(當代:618~907)에 조정에서는 쿠처인들로 구성된 궁중악단이 있었다. 658년 당은 쿠처에 안서도호부(安西都護府)의 관공서 소재지로 삼았지만, 남쪽의 토번(吐)과 북쪽의 돌궐(突厥)이 이에 대항했다. 8세기 중엽부터 중국은 명목상의 권한만 갖게 되었으며, 790년에는 그것마저도 잃어버렸다. 9세기에 위구르 제국이 붕괴된 뒤 위구르족은 투루판 지역에 정권을 세웠는데 이 나라가 결국 쿠처를 지배하게 되었다.

중세에 쿠처는 위그리스탄의 일부였다 중국이 이곳을 다시 지배하게 된 것은 18세기에 이르러서였다. 위구르족이 지배하던 시기의 주민은 대부분 투르크계 혈통을 가진 이슬람교도였다. 근대에 쿠처는 이슬람지구와 중국지구로 분열되었다. 집중적으로 관개가 이루어지는 오아시스에서는 다양한 곡식과 목화가 재배되며, 과일도 유명하다. 배가 특산품이며 포도와 멜론도 재배된다. 쿠처는 또한 날붙이를 만드는 수공업으로도 유명하다. 인구는 600,000명이다.

그럼 여기에서 진술한 키질천불동으로 가본다.

불교예술이 집약된 곳으로 고대 실크로드의 중요한 획으로 중국 불교가 서역에서 전진 발전하는데 있어 없어서는 안 될 곳 이었으며, 돈황의 막고굴과 함께 실크로드의 불교미술의 꽃으로 손 꼽히는 석굴사원으로 알려지고 있는 곳이다.

이곳은 쿠처 다운타운에서 남동쪽으로 약 73km의 거리이고 2km에 걸친 단애절벽에 236개의 석굴이 조성되어있는데 절반가량이상이 시간과 외부의 힘에 의하여 훼손된 상태이다. 이 석굴의 내외부 특징은 간다라 미술의 영향으로 불상이나 프레스코화의 양식이 중국화 되기 이전의

키질천불동

인도풍임을 필자의 육안으로도 알겠더라. 이곳 역시 일반중국유적지와 마찬가지로 내부촬영은 금지이며 원거리에서 외부촬영은 가능하다. 키질석굴입구에는 필자 고등학교 세계사 시간에 배웠던 승려구마라습 아이콘이 세워져 있다.

구마라습은 어떤 분인가를 고등학교 세계사 시간을 회고하여볼 겸 여타 참고자료를 더듬어 소개하여 본다.

구마라습은 (344 구자국 ~413) 불교학자 현자(賢者)로서 인도학 및 베다학에 관하여 백과전서적인 지식을 가졌다고 널리 알려져 있다. 산스크리트 불교경전을 한문으로 번역한 4대 역경가(譯經家)들 가운데 가장 정평이 나 있는 사람으로서. 불교의 종교사상과 철학사상이 중국에 전파된 것은 대부분 그의 노력과 영향력에 크게 힘입었다.

구마라습의 부모는 불교를 믿어 모두 출가하였으며. 그도 그의 어머니를 따라 7세에 출가하였다. 중국 카슈가르에서 소승불교를 공부하다가 '수리아사마라고'라 하는 대승불교도에 의하여 불교의 중관학파(中觀學派)로 개종하였다.

인도에 유학하면서 두루 여러 선지식을 참례하여 여러 방면에 대하여 잘 알았고. 특히 기억력이 뛰어나 인도 전역에 그의 명성이 자자하였다. 그 후 고국에 돌아와 왕으로부터 스승의 예우를 받았다.

전진(前秦)의 부견(符堅)이 그의 덕이 뛰어나다는 소식을 듣고 장수 여광(呂光)으로 하여 맞아들이게 하였으나 이에 응하지 않아 여광이 서쪽으로 가서 구자국을 정벌하여 구마라습을 체포하였으나, 돌아오는 도중 부견이 죽었다는 소식을 듣고 여광 자신이 하서(하서)에서 자립하여

왕이 되어 7년간 통치하였다.

후진(後進)의 요흥(姚興)이 다시 일어나 여광을 멸망시킨 뒤. 구마라습은 401년(동진 5년) 장안(長安)에 도착하였다. 요흥이 예를 갖추어 그를 국사(국사)로 봉하고 소요원(逍遙園)에 머물게 하여 승조, 승엄 등과 함께 역경에 전념하게 했다. 그리하여 그는 403년(후진 5년) 4월부터 〈중론 中論〉, 〈백론 百論〉, 〉십이문론 十二門論〉, 〈반야경 般若經〉, 〈법화경 法華經〉, 〈대지도론 大智度論〉, 〈아미타경 阿彌陀經〉, 〈유마경 維摩經〉, 〈십송률 十誦律〉 등 35부 348권에 달하는 방대한 경전을 번역했다.

승려 구마라습

이어 가까이 있는 수바시고성으로 향한다.

수바시고성은 8세기경 구차왕국의 옛 수도였으나 현재는 폐허로 흔적만 있을 뿐이었고 안내인의 설명에 의하면 8세기경 이슬람의 진출이 있기 까지만 하더라도 불국토로서 그 위용을 과시하였던 서역의 찬란한 독립국가 였다고 한다. 구차대사원(이슬람사원 : 청진사)은 구처 투어의 파이널(FINAL)이다.

16세기의 선파의 시조인 이즈바크 알리가 구처에 머물던 때에 세웠다는 이슬람사원으로 내부에는 1,000여명의 무슬림들이 예배를 드릴 수 있는 예배소와 이슬람학교로 불리는 메데레스가 있으나 여타 중동 지역 이라 던지 중앙아시아에 있는 모스크들과 비교하여 본다면 규모라던지 모든 게 필자의 눈에는 시원찮을 뿐이고 그리고 다소 특이한 것은 이곳 위구르의 모스크(청진사)에는 체스메(Cesme)인 세정소가 없다는 것이다.

제 4일자이다 호텔 조식 후 다음 목적지인 민풍까지는 전용차로 타림분지중심에 형성되어있는 타클라마칸 사막공로를 횡단하면 예정 소요시간이 13시간이란다. 전투에 임하는 전사의 마음가짐이다.

타림분지와 타클라마칸사막을 가로질러 달린다.

타림분지 중국 최대의 내륙분지. 신장웨이우얼 자치구 남부에 있다. 북쪽, 서쪽, 남쪽은 텐산 산(天山), 파미르 고원, 쿤룬 산맥 그리고 아얼진 산맥에 둘러싸여 있다. 마름모 형태로서 해발 1,000m이고, 서쪽은 해발 1,000m 이상, 동쪽 로프노르(뤄부포) 호는 780m에 이른다. 면적은 70만㎢이다. 대륙의 깊숙한 내지에있고 높은 산이 습윤한 공기의 진입을 막고 있기 때문에, 연강수량이 100mm를 넘지 못하며 많이 내려야 50mm이하여서 대단히 건조하다. 분지 중심에는 타클라마칸 사막이 형성되어 있는데 면적은 37만㎢이고, 로프노르 호, 타이터마 호 주위에는 대규모 소금사막이 있다.

물줄기는 텐산. 쿤룬 산맥의 물줄기에서 발원하여 사막까지 이른 뒤

점점 소실되는데 에얼야르칸트 강, 하텐 강, 아커쑤 강과 큰 하류만이 비교적 긴 물줄기를 이루고 있다. 각각의 물줄기들 모두 타림 강으로 흘러드는데, 타림은 위구르어로 물줄기가 모여드는 곳이란 뜻이다. 사막을 가로질러 민풍을 향하여 타림강에 놓인 타림대교를 지나는데 물은 대부분 말라있더라.

타클라마칸사막 중앙아시아의 대사막, 세계 최대의 모래사막 가운데 하나로, 중국 타림분지 중앙에 있으며 37만㎢의 면적을 차지하고 있다.

타클라마칸 사막의 고도는 서부와 남부가 1,200~1,500m, 동부와 북부가 약 2,600~3,300m이다. 북쪽의 텐산 산맥(天山山脈), 쿤룬 산맥, 서쪽의 파미르 고원 등 높은 산맥들로 둘러싸여 있으며, 동쪽은 점차 습한 로프노르 호로 이어진다.

서부 일부지역을 제외하고 사막 전체가 사구(砂丘)로 이어져 있는데, 그중 85%가 이동성 사구이다.

이 사구들은 100여m에 이르는 흐트러지기 쉬운 충적토 위를 바람에 날리는 모래가 덮고 있는 형태인데 이 모래의 두께가 300m에 이르는 것도 있다. 사막의 바람은 부는 형태가 매우 불규칙적이기 때문에 바람에 의해 형성된 지형의 모습도 다양하다. 사구들 가운데 거대한 것은 높이가 200~300m에 이르는 것도 있다. 사막의 서쪽에는 사암과 점토로 이루어진 2개의 작은 산맥, 즉 활처럼 생긴 마자르 산맥과 췰 산맥이 솟아있다. 쿤룬 산맥을 흐르는 강들은 사막으로 100~200km까지 스며들어 모래 속에서 서서히 말라버린다. 이 사막은 온대사막으로 뚜렷한 대륙성 기후를 나타낸다.

강수량은 매우 적어 연간강수량이 서쪽 38mm에서 동쪽 10mm까지 분포해 있다. 몇 안 되는 강의 유역과 사막의 주변지역을 제외하고는 식생이 희귀하며, 정착인구가 없다 거대한 유전의 개발이 사막의 북부와 남부에서 이루어졌다.

타클라마칸이란 말은 위글어로 들어가면 살아서는 못나온다는 뜻이 안내인의 설명이다. 필자일행 전술한 타림분지 중심에 있는 타클라마칸 사막공로를 횡단하여 목적지인 민풍까지 560km를 달린다.

중국 타클라마킨사막 공로건설을설명한 Land Mark

구차에서 민풍까지는 대략 한 시간 륜타이로 유턴하여 타크마르칸 공로(고속도로)로 진입한다. 길가 양편에는 잡초와도 같은 키 1.5m쯤 되는 홍유나무가 황사와 같은 모래를 뒤집어쓴 채 필자일행을 맞이하는 것 같다. 모양새는 마치 꽃잎이 싸리나무와 비슷한 모양새이고 뿌리는 5m이상으로 모래 속을 파고 무더기로 자생하는 것으로 알려지고 있다.

공로에 진입하여 얼마를 달리는데 공로 좌, 우에는 호양목 수림이 이어진다. 수명이 3,000년이나 되는 호양목도 있다. 안내인의 말에 의하면 살아서 천년, 죽어서 천년, 죽어 누워서 천년하여 3천년을 산다는 말에서가 그 이유이고, 이홍유와 호양목은 물 없이도 그 강인함에 염분이 있는 사막에서 서로 자생하는 나무란다.

우리가 달리는 고속도로는 이 나라의 중앙정부의 석유운반이 그 목적으로 길 좌, 우에는 곳곳에 지하수를 끌어 급수시설을 만들어 방사망도 만들고 앞에는 홍유나무를 뒤에는 갈대를 심어 공로에 밀려들어오는 모래를 차단하고 있었다. 타클라마칸 사막에서는 중국석유의 40%가 생산되는데 이는 원활한 원유수송을 위함이 공로를 건설하게 된 이유인 것 같고 지금 중국은 미국을 앞질러 세계최대의 석유소비국이다.

마침 우리가 투어를 끝내고 귀국한 2일후에 우루무치에서 위구르인과 한족간의 충돌에 의한 폭동이 일어나고 전 세계의 이목 하에 간헐적으로 독립을 요구하고 있으나 이는 현실적으로 불가능 할 것이라는 것이 필자의 판단이다.

왜냐하면 중국은 막강한 외화를 무기로 하여 자원외교를 펼치며, 남미, 아프리카, 중앙아시아에서의 달러를 무기로 한 자원의 반 식민지화를 꾀하고 있는 것이 지금의 현실이기 때문이기도 한데 이것은 황금덩어리인 석유매장량이 사우디아라비아의 매장량보다 많다는 이곳 신강성을 독립시켜달라는 요구는 중국당국이 귀담아들을 리가 만무함이다.

민풍에 도착이다. 도착예정시간보다 늦은 14시간의 승차거리였다. 첫날 살구를 많이 먹은 배탈의 후유증이 있어 그런지 필자의 몸 컨디션상태의 느낌이 제로다. 피곤을 달래는 것은 그래도 술이 최고인 냥 호텔에서 일행과 가지고간 소주와 맥주를 섞어 마시는 폭탄주 1~2배로 서로를 위하여 오늘투어의 이야깃거리로 즐거워들 한다. 인구는 350,000으로 알려지고 있다.

제 5일자다 호탄(허텐)으로의 이동이다.

승차대기시간은 3시간이다. 호텐(허텐)은 중국신장웨이우얼 자치구 남서쪽에 있는 오하시스 도시. 현을 형성하고 있으며, 타클라마칸사막 남쪽 끝을 따라 있는 오아시스들에 기반을 둔 현들을 관할하는 허텐 지구의 행정중심지이다.. 이 가운데 가장 큰 허텐 오아시스는 북서쪽으로 모위[카라카슈], 동쪽으로 뤄푸를 포함한다.

이 오아시스는 높은 쿤룬 산맥에서부터 남쪽으로 흘러가는 카라카스 강과 위롱카스 강으로부터 물을 공급받는다. 이 두 강은 허텐 오아시스의 북쪽에서 합류하여 허텐 강을 이룬 후, 북쪽의 사막으로 흘러든다.

이 강들의 유량은 여름에 가장 많아지며 연중 대부분의 기간에 거의 물이 말라있다. 허텐은 후한(23~220)의 중앙아시아 원정 때 후한의 명장 반초(班超)가 이끌었으며, 그는 70년에 잠시 허텐을 점령했다. 이 시기의 이 지역 주민은 중국인에게는 비사로 알려졌던 아리안 족으로. 인도유럽어를 사용하고 북부 인도와 아프카니탄 문화의 영향을 많이 받았다.

당시 그들의 왕국은 중국에서 파미르 고원을 거쳐 서역과 인도로 가는 도로상의 주요한 교역소였다. 이 왕국은 주요 상업 중심지였으며, 또한 불교가 중국 북부에 전파된 주요통로였다.

630년대에 당(唐:628~907)나라가 그들의 영토확장정책하에 타림 분지로 진격해왔을 때 허텐은 다시 중국에 점령당했다. 남쪽의 토번인(吐蕃人)들이 잠시 저항했으나 당은 이곳에 비사도독부를 세워 중국 북서부의 군사요지로 삼았다.

비사도독부는 752년 탈라스 강에서 당이 아랍인에게 패한 후 중앙아시아에서 철수할 당시 폐쇄되었다. 지금은 금속세공품 및 보석류로도 유명하다. 인구는 300,000명이다.

마이리크와트고성 이곳은 비포장도로로 자갈밭인지 모래밭인지 구별이 잘 안 되는 길을 대략 1시간 만에 도달하나 백옥하라는 강에 접한 곳이었고 입구석단에는 매력극아와제고성(賣力克阿瓦堤古城)이라 새겨져 있다. 유적지 까지는 나귀가 끄는 달구지를 타고 약2km 모래 자갈길을 가야만 했는데, 기껏 미화 2달러를 벌기 위해서 자기의 택시(나귀가 끄는 달구지)를 타라고 응석 대는 눈이 새파란 10대 청소년들의 생활력에 필자눈시울이 붉어지는 것을 감출 수 없었다.

도착한 마이리크와트고성은 백옥하를 접하여 끼고 있는 동서 10km 광활한 사막위에 뜨문뜨문 서있는 토성으로 于田國(YUTIAN)이였다고 하나, 왕성이었는지 불교의절(TEMPLE)이였는지는 지금도 밝혀지지 않고 있음이 안내인의 설명이었고 몇 개의 토혈(토혈)에서는 질그릇조각 당대의 위구르유물 동전 불상 등의 다수의 유물이 발굴되어 있는 것만이 알려지고 있었다.

이어 우리는 시내로 돌아와 백양나무숲과 포도넝쿨이 도로 위를 뒤집어쓴 길을 지나 서쪽 10km거리에 에멜라라는 동네의 요트칸 유적지인

고성을 찾았다. 입구 유지는 살구나무와 잡초로 둘러쌓여 경계만 있을 뿐 흔적마저도 전무한 상태였고, 이곳 역시 于田(유티안) 왕국의 도시였던 것으로만 알려지고 있고 찬란하였던 불교유적은 흔적도 없어 필자 실망감을 감출수 없었다.

제 6일자 카스로의 이동이다. 전용자동차로 승차거리는 8시간이다.

카스시가지 다운타운에 진입하기 전에 사차를 두루 들러본다. 이곳은 현지 아리안족의 일파인 타크크인이 살고 있는 곳이다. 얼굴도 백인이고 건물도 비교적 유럽적인 건물로 깨끗한 편이었고 이곳은 옛날 사차국의 왕릉술탄 사예단의 능모 사차왕릉이 있는 곳이다.

앵무새 같은 가이드의 이야기이지마는 술탄의 묘를 제외하고는 미국 서부영화의 한 장면인 큰 포장마차가 줄지어서 있는 것 같다. 뒤의 장미 정원의 돔 2층 누각은 사차국 음악가요 왕비였던 아마니한과 그의 패밀리언 묘로 알려지고 있었다. 카스에의 도착도 예정시간보다 2시간 늦은 10시간거리다. 사실상 카스투어가 우리가 선택한 천산남로의 마지막 투어라고 생각하니 사막 공로에서의 전용 자동차를 타고 끝없는 모래사막과의 대결마저도 아쉽다.

제 7일자다 조식을 마치고는 투어가 진행된다.

카스는 옛날부터 죽로 교역의 중심지로서 중요한 역할을 해왔다. 텐산 산맥과 쿤룬 산맥이 만나는 파미르 산맥 기슭에 자리 잡고 있어 서쪽으로 우즈베키스탄, 타지키스탄, 키르키스탄의 경계지역에 있는 페르가나 계곡과 남쪽으로 인도 잠무카슈미르, 북쪽으로 우루무치와 이리강 유역으로 이어지는 대상들의 교역로로 관장했던 곳이다. 카스의 아침은 톈산 산맥과 쿤룬 산맥의 영봉 설산이 아련히 이른 아침의 햇살과 합창하는 양 눈부시게 시야에 아련 거린다.

맨 먼저 찾은 곳은 카스 박물관이다. 이 지방의 역사를 수박 겉핥기식 으로나마 파악해볼 수 있는 필수 방문지다. 전통의상, 선사시대 이전의 유물들이 즐비하다. 특히 최근에 발견된 고대인의 미라는 흥미롭다. 키가 190cm이상이고 머리카락이 은발내지 금발에 가까운 것으로 이곳 터전이 그 옛날부터 지금까지 한족이 아닌 서역인이 기거한 유적지임을 알 수 있다.

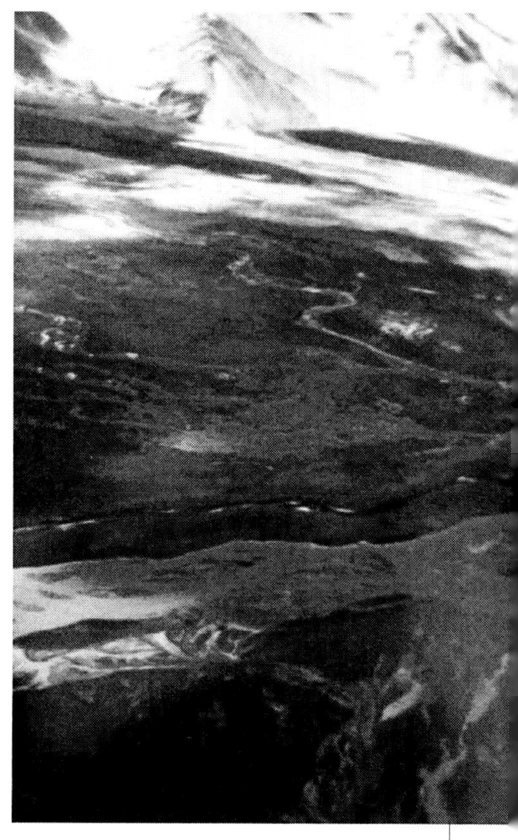

파미르고원

1640년 이 고장의 권력을 쥔 아바로자가 부친을 위해 세운 묘인데 20m 높이의 돔으로 된 건축물로 내 외부가 장엄하고 화려하게 치장되어 있다. 이후 아바로자 가의 가족묘지가 되어 70명이 넘는 후손들의 집단묘지로 변한 곳이다.

청나라 건륭제의 후궁이었던 향비묘도 있다. 그녀는 건륭제의 구애를 계속 거절하다가 1756년 22세 때 멀리 베이징으로 끌려갔으나 고향을 잊지 못해 시름시름 앓다가 29세에 죽었다고 한다.

이 도시의 중앙에 있는 에이티가르사원은 종교적 중심지다. 휴일에는 이슬람을 경배하는 수천 명의 신자들이 모여들어 알라신을 찬양하며 이후에는 종교적인 의식의 관례에 따라 Seman춤(우리나라의 공중줄타기 놀이와 같은 춤)을 추는 전통을 이어가는 곳 이기도하다. 마침 공휴일이 었기에 이곳을 찾아 필자가 Seman춤을 구경하는 것이 가능하였다. 그리고 일주에 한 번씩 일요일에 장이서서 일명 “선데이 바자르”라는 시장이 선다기에 그곳을 찾았다.

카스현의 여러 종족들이 모여서 무역과 상거래를 하는데 동쪽 끝에 있어 이름이 이스트게이트 바자르이다. 과연 세상의 잡동사니는 몽땅 모

선데이(Sunday) 바자르에서의 Seman춤

아놓은 듯한데, 이곳 사람들이 다모인양 인산인해를 이루면서 호객행위와 물건흥정으로 온통 시끌벅적하다. 우리 전용자동차는 오후2시의 점심예정지인 해발 3,600m의 카라쿨리호수를 목적지로 하여 향하고 있는 곳의 중간지점인 무스타거산맥의 발치에 와있다.

일명 카스산맥이라고도 하는데 이 산맥의 중심 줄기는 파미르산악지역의 동쪽가장자리와 평행하게 북북서 남남동쪽으로 322km뻗어 있으며 궁걸 대산계에서는 7718m높이로 솟아있다. 카스에서 남서쪽 이곳까지는 160km거리다. 손에 잡힐 듯 장엄한 무스타거산(7546m)이 빙하와 함께 그 웅장한 자태를 드러낸다. 탄성과 감탄뿐 그 위용에 일행은 입을 다물고 만다. 드디어 해발 3,600m의 목적지인 카라쿨리 호수에 도착한다. 이 호수는 얼음산의 아버지로 유명한 무스타거 산맥의 발치에 위치하고 있다는 것이 적절한 표현이라고 하겠다.

이 호수는 고지대로서 물이 빠지는 배수구가 없다는 것이 특이한데, 무스타거 산맥으로부터 흘러내린 눈이 녹아 호수를 만든다고 한다. 물빛은 대초원에 푸른카펫을 깔아놓은 것 같고 잔잔한 파문을 일으키는 물결은 참으로 매력적이다. 카스의 인구는 650,000이다.

제 8일자이다. 필자 3,700km의 우루무치에서 카스까지의 사막공로 천산남로투어를 끝내고는 첫 출발지인 우루무치까지 되돌아 직행으로 안착했다.

비행거리는 1시간 30분이 걸리고 공중 직행거리는 1,500km이다. 우루무치 공항에 도착하자마자 필자 일행 짜여진 여행일정에 인천국제공항도착이 9일자 오전 7:00이기에 지난 천산북로 투어에서 겹치는 것을 제외하고 투어에 임한다. 우리에게는 사진 등으로 익히 낯설지 않은 텐산 산맥, 4계절 항상 만년설을 이고 있는 텐산 산맥은 사막을 횡단하면서 중국 대륙을 남과 북으로 타리분지와 중가리아 분지로 갈라놓는다. 중가리아 분지는 텐산산맥의 북쪽에 있으며 알타이 산맥에 의해 몽고와 인접해 있는데 텐산의 만년설물이 중가리아 분지에 흘러들어 텐산 산맥의 북쪽기슭에 오아시스와 초원을 탄생시키고 있다. 점점히 흩어져 있는 오아시스에는 유목민들의 거주지가 형성되어 있는데 그곳을 상호 연결시키는 길이 텐산 북로다. 이 우루무치는 신장 위구르 자치구의 수도로 이곳 신강성에서는 가장 큰 도시다.

우루무치는 위구르어로 "아름다운 목장" 이라는 뜻을 지닌 고유명사로 그 이름만큼이나 낭만적인 도시다. 거리에는 붉은 벽돌집과 아파트가 가로수 그늘이 드리워진 거리에 줄지어 있고 대부분의 주민들은 노랑이나 밝은 청색이 칠해진 나지막한 전통 가옥에서 거주한다.

인구는 200만 명으로 30여개의 소수 민족으로 구성되어있고 위구르족, 카자흐족, 몽고족이 대부분이라고 한다. 나그네의 발을 멈추게 한다는 바자르 자유시장부터 여행을 진행하였다. 생활용품들을 골고루 갖추고 상점 주인들은 저마다 손님들을 끌기 위해 야단법석이었다. 우루무치의 모든 상점 간판은 위구르어와 한자가 나란히 함께 표기되고 있어 눈길을 끈다, 바자르에서 가장 재미있는 것 중의 하나가 꼬챙이에 꿰어 구운 양고기이다.

다음으로는 자동차를 타고 세 시간쯤 소요되는 텐산 산맥의 동부 브그드오라의 산정에 천지라 불리우는 아름다운 호수를 찾아 등정했다. 천지인 산정 호수까지는 매우 어려운 드라이브 코스다. 천지 여행은 5월과 10월 사이에만 가능하다고 알려지고 있으며 이 기간 외에는 호수가 얼음으로 덮혀있어 길이 매우 험하다고 한다.

고원의 풍부한 목초지 사이로 급경사의 물줄기가 흐르고 이곳에는 카자흐족 목동들이 이동식 천막과 파오를 만들어 쉬는 모습도 볼 수 있다.

천지는 사방이 산으로 둘러싸여 아담한 호수를 이루며 울창한 숲과 푸른 물의 조화로 신비롭기만 하다. 8박9일 동안의 준 난이도코스로 알려져 있는 천산남로투어도 이것으로 끝을 맺기로 하지마는 필자 67살 나이에 이 어려운 모래사막 투어를 완결 지었다는 것이 조금은 자랑스럽기도 하고 일행들과는 인천국제공항에서 기약 없는 우연의 만남을 뒤로하고 작별을 고한다.

카스모스크에 운집한 무슬림

아제르바이젠
그루지아
아르메니아

다섯번째이야기 |

코카사스
문화탐방기

코카사스 문화탐방기

코카사스는 이 지역이 80년도 구소련시절 공산주의 체제인지라 아무나 여행을 할 수 없어 필자 라이온스클럽 간부임을 핑계 삼아 한번 다녀온 것이 전부였고 이마져도 수박겉핥기식 투어였기에 꼭 한번 다시 여행을 하였으면 하는 것이 필자의 소망이기도 하던차에 한 지인의 소개로 10일 동안의 예정으로 마무리를 하고는 감히 코카사스 여행이라는 제명으로 피력하여 보는 것이며 혹시 잘못된 부분이라도 발견되어 진다면 용서하여 주시기 바랍니다.

코가사스 지역이라면 일명 카프카스 지역이라고 하는데 영어로는 지역명이 코카사스 지역이고 카프사스는 러시아 인들이 부르는 지역명 으로 알려지고 있다. 우리 일행 먼저 코카사스 지역 3개국 중에서 제일 먼저 아제르바이젠으로 순서를 잡아 이 나라의 수도 바쿠로부터 일정을 소화해 나가기로 한다. 인천국제공항에서 러시아 모스크바 경유 이 나라의 수도 바쿠까지는 15시간의 비행거리다.

여행에 앞서 코카사스가 전체적으로 어떤 지역인가를 정리해 보자.

카프카스(러시아어:KavKaz), 코카사스(영어:Caucasus). 유럽권 러시아 남서부 쪽에 있는 산계(山界)와 지역. 서쪽으로는 흑해와 아조프 해, 동쪽으로는 카스피 해와 접한다. 전통적으로 카프카스 산계는 유럽과 아시아를 구분짓는 경계선의 일부를 이루었으나, 지금은 일반적으로 전체산계가 아시아에 속하는 것으로 받아들여지고 있다.

볼쇼이(大)카프카스 산맥은 카프카스 지역의 가로 폭을 따라 남서쪽으로 1,200km 정도 뻗어 있다. 이 산맥의 북부지방은 프레트카프카지예, 남부지방은 자마프카지예라고 한다. 볼쇼이 카프카스 산맥은 대체로 북서쪽에서 남동쪽으로 향하는 여러 산맥들로 이루어져 있으며, 주요 산으로는 엘브루즈(5,642m), 디흐타우(5,204m), 슈하라(5068m)산 등이 있다. 전체의 1% 정도 되는 지역이 2,000여개가 넘는 빙하로 덮여있다. 마미손 고개와 다랄 고개 등 여러 고개들이 산맥을 가로지르며 뻗어있다. 프레트카프지예와 남쪽의 자카프카지예를 있는 그루지야 군용도로 및 오세티야 군용도로가 지난다. 볼쇼이 카프카스 산맥의 북부지방인 프레트카프카지예는 광활한 평원으로 이루어져 있으며, 대부분 곡류 경작을 위한 농경지로 이용되고 있다. 자카프카지예도 비슷한 평원 및 말리(小)카프카스 산맥을 중심으로 하는 지형을 이룬다.

수력자원이 풍부하며, 리오니, 쿠라, 아락스 강 등 수심이 매우 깊고 물살이 세찬 강들이 여럿 있다. 세반 호는 이 지방에서 가장 큰 호수이다. 카프카스 산맥의 비탈에는 참나무, 밤나무, 너도밤나무, 오리나무, 카프카스젓나무, 물풀레나무, 보리수 등이 숲을 이루고 있으며 사무아,

그루지아의 스베티치호벨리성당

붉은 사슴, 곰, 스라소니, 여우 및 2종(種)의 로키산양 등이 서식하고 있다. 맑은 강과 호수에는 송어가 많다. 석탄, 철광석, 납, 아연, 구리, 몰리브덴, 망간 등 광물자원도 풍부하게 매장되어 있다.

석유는 아제르바이잔과 크라스노다르 및 스타브로폴 지구에서 개발되며, 천연 가스 생산도 상당히 활발한 편이다.

여행 첫날인 이 나라 아이제르바이젠 수도 바쿠의 아침은 알려진 대로 쾌적하기가 이루 말할 수 없는 뿐만 아니라 나그네를 붙잡아 두기에

그루지아의 삼타브로 사원

도 충분한 친절과 컨티넨탈 식의 아침식사는 과히 기막힐 정도로 호화롭고 여행사에서의 정보하고는 딴판 이더라 물론 이곳도 현지 가이드로부터 리무진 버스에 승차 후 투어와 함께 꼼꼼한 설명이 상당한 수준의 전문가 와 서울에서 가지고 간 참고 책자를 비교 검토 하면서 피력한다.

바쿠 Baku 아제르바이잔의 수도, 카스피 해의 서쪽 연안과 압셰론 반도의 남쪽 면으로 바쿠 만이 넓게 휘어진 만곡부에 자리잡고 있다. 바쿠 군도가 잘 가려주고 있는 바쿠 만의 입지적 조건을 기반으로 카스피

바쿠시가지에서 카스피해를 바라보며

해에서 가장 훌륭한 항구가 되었으며, 압세론 반도 덕분에 혹독한 북풍으로부터도 보호를 받는다.

바쿠라는 이름은 '아마도 산바람이 심하게 부는' 이라는 뜻을 지닌 페르시아어 바드 쿠페(bad kube)가 축약된 것으로 보인다. 석유산업과 행정적인 기능 때문에 중요한 위치를 차지한다.

역사기록에 처음으로 언급된 것은 885년이지만 고고학적인 증거를 보면 이미 기원전 수세기 전에 사람들이 정착했음을 알 수 있다. 11세기에 이르러 시르반샤 족(族)의 지배권에 속했으며 12세기에는 그들의 수도가 되었다. 그 후 13, 14세기 한 동안은 몽골족의 지배를 받기도 했다. 1723년 표트르 대제가 바쿠를 함락 시켰으나 1735년 페르시아에게 다시 빼앗겼다.

1806년 러시아가 최종적으로 이 도시를 차지하게 되었으며 1920년 아제르바이잔 공화국의 수도로 삼았다.

오늘날 바쿠 시의 중심부는 이체리셰헤르라는 옛 도시(요새)이다. 성

아제르바이젠 바쿠의 불의사원 마르티르스라네

벽 대부분이 러시아 정복(1806)후 강화되어 지금까지 남아 있으며 12세기에 27m의 높이로 세어진 키스칼라시 탑(소녀의 탑)도 남아 있다.

옛 도시는 미로처럼 얽혀 있는 좁은 골목길과 옛 건축물들로 그림같이 아름답다. 옛 건축물인 시르반샤 궁전은 오늘날 박물관으로 쓰이고 있는데 가장 오래된 부분은 기원후 11세기까지 거슬러 올라간다. 또한 11세기의 건축물로는 미나레트가 솟아 있는 시니크칼라사원(1078~79)이 있다. 다른 유서 깊은 유명한 건축물로 디반칸 법원, 드주마메체트 미나레트, 천문학자인 세이다 바쿠비의 묘, 영원히 꺼지지 않는 영혼의 불, 바쿠의 상징인 불의 사원 마르티로스라네(조르아스터교)등이 있다.

알려진 것은 8세기부터이며 15세기에 들어서자 지표면 유정에서 등불용 기름이 채취되었다. 근대적이고 상업적인 탐사가 시작된 것은 1872년으로 루마니아의 폴로이에슈티에 이어 2번째였다. 20세기 초 이곳의 유전은 세계 최대의 규모였으며 1940년대까지 최대 규모의 위치를 지켰다. 그러나 석유 매장량이 상당히 고갈된 오늘날은 유정 일부가 도시 내에 남아 있지만 지하 5,090m까지 시추작업을 하거나 압셰론 반도를 가로질러 카스피 해까지 시추작업을 벌여야만 석유를 얻을수 있게 되었다. 바쿠 만에는 많은 유정탑(油井塔)이 도시를 향해 세워져 있다. 보다 작은 규모의 도시 대부분은 시추 중심지로서 여러 정유공장 및 가공처리공장과 송유관으로 연결되어 있다. 석유는 바쿠에서 흑해를 끼고 있는 바투미로 송유관을 통해 보내지거나, 유조선으로 카스피 해를 가로지른 뒤 볼가 강을 거슬러 운송된다. 그 밖에도 석유산업에 필요한 장비 제조업의 중심지로 20여개의 공장이 가동중이다. 다른 기계공업으로 조선업, 선박수리업, 전기 기계류 제조업 등이 있다. 또한 화확 제품, 시멘트, 직물, 신발류, 식료품도 생산한다.

현재의 석유 시추량은 1일 30만 배럴로 알려지고 있다. 이 도시의 인구는 1,850,000이고 종족으로는 터키인이며 우리하고는 같은 우랄알타어 족 이므로 고대로 거슬러 가면 같은 민족이라고 하겠다. 그래서인지 현지인을 만나 필자 한국 사람이라고 하니 한결 정다운 친절이더라, 수도 바쿠라는 뜻은 페르시아어로 '바트쿠베' 즉 바람이 심하게 부는 곳이라는 뜻이란다.

첫째날 오후다.

고부스탄 으로의 이동이다. 바쿠 남쪽65km 떨어진 곳에 위치하며 이곳은 카스피 해에 인접하고 있는 노천 박물관으로 신석기 시대의 암면화와 1만2천년전 것으로 추정되는 4천여 개의 비문과 2천년전 라틴 상형문자도 있다. 수도 바쿠로 귀환이다. 호텔에서 저녁식사를 마치고는 지인들과 거리 산책을 끝내고 한잔의 표준형 위스키가 미화 8불 인 것을 알고는 너무 비싸 다소 서운한 감정에 빠지기도 하였다. 나중에 안 사실이지만 코카사스지역의 물가가 서유럽의 넘치는 관광객 때문에 서유럽에 버금간다는 현실이다.

이튿날이다.

아제르바이젠 수도 바쿠를 뒤로 하고는 거리395km를 달려 이 나라 마지막 여행지인 세키(Sheki)에 도착이다. 이 도시는 대 카프카스 산맥 남경사지에 위치하고 있다. 이 나라에서 가장 오래된 도시 가운데 하나로 18~19세기에는 셰키한국의 수도였으며 1805년에는 러시아에 할양되었으며 마지막 칸은 1819년에 사망한 것으로 알려지고 있고 칸의 여름궁전, 모스크, 목욕탕 등 역사적 흥미를 끄는 건물들이 볼거리이며 인구는 6만 명이다.

지난 밤 서울에서 가지고 간 소주를 많이 마신 때문인지 장거리 리무진 버스의 강행군의 탓인지 필자 다소 피곤함을 감지하는 사이에 국경에서 그루지야의 입국수속을 끝내고는 그루지야의 라고페키를 경유하여 이 나라의 수도 트빌리시에 도착이다. 시가지에서는 주요 모스크의 스피커를 통해

그루지야의 카지백산 (해발 5033m)

흘러나오는 코란을 듣다보니 이 나라도 한때는 이슬람을 신봉한 티무르제국 오스만 터키의 지배를 받았다는 사실이 새삼스럽게 느껴지기도 한다.

투어에 앞서 이 나라 그루지야의 수도 트빌리시를 소개해본다.

트빌리시(Tbilisi) 옛 이름은 Titlis.. 그루지야의 트리알레티 산맥과 카르틀리 산맥 사이를 흐르는 쿠라(그루지야어로는 므트크바리) 강 유역에 자리 잡고 있다. 458(또는 455년)년에 건설되었으며, 같은 해에 그루지야 왕국이 수도를 므츠헤타에서 트빌리시로 옮겼다. 트빌리시는 자카프카지예의 동부와 서부를 잇는 강을 장악하고 있던 전략상의 중심지였다.

그루지야의 수도 트빌리시의 구시가지

1386년에는 티무르에게 약탈당했다, 투르크인들에게도 몇 차례 정복되었으며 1795년에는 페르시아인들에 의해 거의 불태워졌다. 마침내 1801년 러시아인들에게 점령되었으며, 블라디카프카스에서 대(大)카프카스산맥을 가로질러 트빌리시에 이르는 그루지야 군용도로를 건설하여 교통장애를 개선했다. 1872년에 흑해의 포티, 1883년에 카스피 해의 바쿠까지 철도가 부설되었다. 1921년 그루지야 공화국의 수도가 되었다. 문화 및 교육 중심지로서 종합대학교와 그 밖의 여러 고등교육기관을 비롯해서 100여 개가 넘는 연구소 등이 있다. 또한 공업 중심지로서 경공업이 활발하여 전동차, 공구, 농기계, 전기장비 등이 생산되며, 기관차 등의 각종 철도차량 수리소가 있다. 작물, 가죽제품, 신발류, 가구, 맥주, 포도, 알콜 음료 및 다양한 식품도 생산된다. 1966년에 지하철이 개통되었다. 인구는 현재 1,300,000이다.

투어는 므츠헤타로 부터이다.

므츠헤타 Mtskheta 그루지야의 도시. 트빌리시 바로 북서쪽, 쿠라강, 아라그비 강이 합류하는 곳에 있다. 자카르카치예에서 가장 오래된 정착촌 가운데 하나로 2~5세기에 그루지야의 수도였다. 4세기에 건설되어 15세기와 18세기에 재건된 스베티츠호벨리 성당, 삼타브로 수도원, 드주바리 교회 등이 역사적으로나 건축학적으로 흥미로운 유적이다. 특히 스베티츠호벨리 성당은 그루지야의 역대 왕들을 안장하던 장소였다. 마을 외곽 언덕 위에 있는 아루마즈치헤 성터는 그루지야에서 가장 오랜 것으로 2~5세기에 그루지야의 왕들이 살았던 곳이다. 인구는 80,000명이다.

출발전에 중식에 제공 되어지는 카치(khachi)는 이 나라가 뽐내는 요리중의 하나로 소의 위, 발굽 등의 내장을 마늘과 함께 끓인 스프인데 우리 입에 안성맞춤으로 개운한 맛이 꼭 추천하고 싶다.

이어 고리다 트빌리시의 북서쪽 76km에 있는 작은 마을로서 그루지야 고리 구의 행정중심도시. 쿠라 강 유역에 있다 7세기에 돈티오라는 이름으로 세워진 이 도시는 그루지아에서 가장 오래된 도시에 속한다. 1917년 혁명 전에는 행정, 상업의 중심지인 작은 마을이었다. 소련의 지도자 스탈린이 1876년 이곳에서 태어나 어린 시절을 보냈고 1888~1894년 신학교에서 공부했다. 혁명 뒤에 산업기반이 눈에 띄게 발전하여 오늘날에는 식품가공업과 주로 아제르바이젠에서 들여온 면화로 섬유공업이 발달했다. 그 밖에 여러 경공업도 발달했으며 교육대학과 농과대학이 있다. 인구는 70,000명이다.

이곳은 뭐니뭐니해도 우리에겐 가장미운 원흉으로 김일성을 사주하여 수백만 우리 동포를 죽음으로 이끌고 지금까지도 38선이라는 분단의 아픔으로부터 헤어나지 못하게 하고 있는 자였기에 역사는 과거를 알아야 만이 미래를 점칠 수 있다는 선인들의 속담이 어떤 것인가를 스탈린 박물관을 찾아 그 일익을 담당하기로 했다. 구소련 공산화에 일등공신인 레닌을 앞세워 눈에 익은 인물들의 희미한 흑백사진들이 큼지막한 세칸의 방에 가득하다. 특히 눈에 들어오는 사진은 스탈린이 가장 총애 하였던 정치 동지 한사람 이고 사후 이 자에게서 자신의 무덤마저 훼손당하여야만 했던 동지 후루시쵸프와 의 흑백사진사열 장면이 잠시나마 나그네의 심금으론 정리되지 않더라.

왼쪽 방에는 이웃하고 있던 옛 소련 각공화국에서 보내온 선물로 넘친다. 스탈린이 사용하던 전화기와 책상 각종 도구들로 즐비하다.

박물관 정문 앞에는 스탈린의 두칸짜리 조촐한 생가가 있고, 박물관 오른쪽에는 휴가를 떠날 때 12년간 타고 다닌 것으로 알려진 기차 한칸이 전시되어있다. 이곳에서의 사진촬영은 박물관 입장료보다도 비싼 것이 웃기는 일이고 셔터가 찰칵거릴 때마다 돈이다.

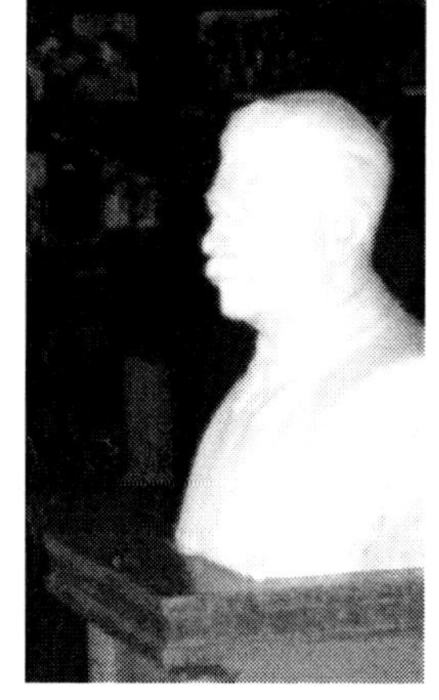

스탈린은 한국 전쟁은 말할 것 없고 많은 사람을 죽인 살인마이지만 2차세계대전을 승리로 이끈 장본인으로 아이러니컬하게도 이 나라에서 만큼은 영웅 대접을 받고 있다.

다음날이다.

투어는 구다우리이다.

구다우리에 가는 길은 그루지야 군용도로 1799년 제정 러시아군이 만든 길로 주변 경관은 코카사스 여행의 하이라이트라고 하겠다. 규모는 작지만 지난번 여행지였던 카라코람 하이웨이(중국-파키스탄)를 연상시킨다. 구다우리는 코카사스 산맥을 넘어 그루지야의 트빌리시와 러시아의 블라디카프카즈를 연결하는 산업 관광 도로이기도 하며 맨 처음 시야에 들어오는 곳이 우푸리스치켄 동굴사원이다. 강가의 산 경사면에 많은 동굴이 있다.

B.C 7세기부터 인간의 거주지역이 아니었나 하는 것이 학자들의 주장이고 필자의 시야에도 여기저기에 흩어진 유적이 보인다.

목적지 중간쯤 해발 2395m의 험로인 즈바리 패스를 지나 도착한 구다우리는 스키장마을이다. 작은 호텔만 몇 개 있고 민가는 없다. 이곳에서 바라보이는 카즈베크(일명 얼음산)는 해발5047m로 카프카스의 최고봉이며 유럽 최고봉으로 항상 만년설의 장관과 웅장함이 그 위용이라 하겠더라. 다음날 우리를 태운 자동차는 이 나라의 수도 트빌리시에 있는 그루지야정교본산인 시오니 대성당에 도착한다. 5세기에 창건된 이후 여러번 재건 되었으며 지금 우리가 보고 있는 것은 13세기에 세워진 것으로 알려지고 있다. 제단을 향해 왼쪽에는 4세기에 이 나라에 그리스도교를 전했다고 하는 카파도키아(터기)에서 온 성 니노의 십자가가 있다. 이것은 두 그루의 포도나무가지를 그녀 자신의 머리로 엮어 만든 십자가이며 진품은 안에 보관되어있고 진열품은 모조품(짝퉁)이다.

교회는 많은 신자와 관광객들로 넘친다. 투어는 이어 나리칼라요새다. 4세기경 처음 축조된 것으로 알려지고 있으며 당시 페르시아의 지배를 받은 영향으로 페르시아 식 성의 모습이다. 당시 전쟁에 능한 페르시아는 도시를 구축할 때 마다 언제나 높은 언덕에 성을 쌓았다.

지금의 가장 높은 성벽은 8세기경 아랍대족장에 의해 축조된 것이다. 성안은 대족장의 궁을 건축할만큼 웅장했다. 하지만 현재 눈에와 닿은 형상은 시간과 많은 외침으로 반 폐허로 비칠 뿐이더라.

다음날이다.

코카사스의 마지막 투어 예정국가인 아르메니아 국경도시 사다클로 이동하여 이 나라 입국신고후 아르메니아 중세교회 건축을 보여주는 유네스코 세계유산, 그리스도교의 건축 전형인 아흐파트 수도원을 방문한다. 이곳에는 아르메니아에서 발달했던 종교 건축의 전형적인 사례를 보여주는 수도원 현관과 성 십자가 성당, 수도원 도서관, 은자들을 위한 마리아 예배당(13세기 건설), 종탑, 수도원 식당 등이 있다.

이어 필자 수도 예레반으로 이동하면서 이 나라 국립공원 내에 있는 휴양지 딜리잔 구시가지를 눈여겨 보는것도 여행의 피로를 다소나마 희석시키는 관광이었다. 조식후 가르니로 이동하여 옛 왕궁터와 욕장의 로만 왕궁터와 가르니(파간)사원을 들러본다.

아르메니아의 수도 예래반에 있는 공화국 광장

가르니 사원을 제외하고는 세월과 지진에 의해 폐허만이 쓸쓸하더라, 이어 게르하드로 이동하여 바위를 절단하여 축조한 교회들과 묘지 게르하드의 수도원은 절정기 아르메니아 장식 예술과 함께 중세의 건축 양식을 그대로 보여준다. 이곳은 아자트 계곡 입구에 치솟은 적벽들로 둘러쌓여 있어 자연절경과 절묘한 조화를 이루고 있다 하겠다.

투어는 계속하여 유네스코세계문화 지역인 예치미아진으로 이동하여 세계에서 가장 오래된 대성당과 박물관을 관광한다.

이곳은 종교건축물이 있을 뿐만 아니라 고고학적인 가치도 뛰어난 지역으로 이곳의 건축물은 후에돔양식과 중앙 부분에 십자모양의 홀이 배치된 아르메니아 종교양식을 광범위하게 발전시키는 효과가 된 것으로 알려지고 있다.

투어의 마지막 날이다.

호텔 조식 후 카스케이트(아르메니아정부 창립 기념비),이 나라의 어머니상이 서있는 빅토리아공원 독립의 상징인 공화국광장, 고대 필사본

광장을 관광하고는 끝으로 아르메니아의 슬픈 대학살을 추모하는 기념관을 관광한다.

그럼 여기에서 아르메니아의 학살에 대한 필자가 알고 있는 조그마한 지식과 기타 참고 자료등을 정리하여 본다. 굴절된 민족주의 때문에 '대량학살(Genocide)'을 지금도 부인한다. 2007. 10월 미국 하원 외교위원회가 1차 세계대전 중 터키의 아르메니아인 집단 살해를 '대량학살(Genocide)'로 인정하는 결의안을 찬성 27표, 반대 21표로 통과시켰다. 그래서 곧 하원 본회의 전체 투표에 올려진다. 구속력이 없는 이번 결의안에 부시 정부가 반대하는 로비를 적극적으로 벌였다.

그러나 이 결의안은 1915년에서 1923년까지 오트만 제국이 아르메

아르메니아의 가르니의 파간사원

카스케이트(아르메니아의 정부창립기념비)

니아인 200만 명을 강제 이주시키고 150만 명을 집단 살해한 것을 '대량학살(Genocide)'로 인정한다는 내용이다. 이에 터키 정부는 "이번 결의안을 절대 용납할 수 없다"며 11일 주미대사를 본국으로 소환하는 항변을 하였다. 미 국무부 대변인은 성명을 발표하고 미국 하원 외교의원회의 결정에 유감을 표명하며 "이 결의안이 미국과 터키간의 관계와 유럽, 중동과 미국의 이해관계를 해칠 수 있다."고 말했다.

20세기에 들어 유럽으로 남진하려는 러시아의 힘을 얻어 루마니아와 세르비아가 독립을 하게 되자 오스만터키의 아르메니아 영토 대부분을 러시아가 차지하는 셈이 되었다. 이에 분노한 터키인들이 러시아에 빌붙은 아르메니아인 인종청소에 대학살을 감행한 것이다. 1915년 4월 24일, 오스만 제국의 군과 경찰은 당시 터키의 아르메니아 지도자와 지식인 325명을 전격 연행해 처형하였다. 이를 신호로 동부 카프카스 등 아르메니아인 집단거주지역에 대한 인종청소가 시작되었다. 18살부터 50살까지 남자는 강제로 징집해 공사현장에 보냈다가 집단 처형하였다. 노약자와 부녀자만 남은 마을은 우물을 묻고, 집을 불태웠다.

떠돌이 아르메니아인 60만 여명은 시리아, 혹은 메소포타미아 사막으로 추방시켰고 대부분 사막에서 굶어 죽었다고 한다. 1915~23년 희생된 사람은 전체 300만 여명의 절반인 150만 명에 이른다고 한다. 우여곡절 끝에 1991년 아르메니아가 건국된 이후 아르메니아와 터키 양국은 지금까지도 외교관계를 가지고 있지 않고 있다.

그러나 터키 정부는 당시 러시아가 터키를 침략하자 아르메니아인들은 이를 지지했고, 터키인들은 이를 반대해 종족간의 감정이 격화된 상

태에서 벌어진 우발적인 충돌은 있었으나 터키인들이 조직적이고 집단적으로 아르메니아인들을 학살했다는 역사적 평가에는 아직까지도 동의하지 않고 있다. 터키 정부는 언론인들이나 지식인들이 이 대량학살 사건을 언급하는 것 조차도 국가모독 죄로 엄하게 다스리고 있다.

근간에도 이 대량학살을 기사화한 한 기자가 경찰에 체포되는 등 아르메니아인 대학살 사건은 쇠약해진 국력과 맞물린 굴절된 민족주의 때문이다. 민족주의는 양날의 칼이다. 좋은 것이지만 민족주의는 이렇게 대량학살을 부인하기까지 위험하다. 히틀러도 독일 민족주의를 부추겨 유대인 학살을 독려하면서 “누가 아르메니아인 대학살을 기억하는가”라고 말했다고 한다. 코카사스의 여행도 끝이다. 세 사람(박희백, 황보연, 김상수)과의 10여일간의 동거동락하며 즐거워하였던 일들이 이별이라는 우주의 진리 앞에서는 힘없이 무너진다는 현실에서는 누구도 막지 못한다는 것이 아쉽기만하다.

우연한 기회에 또 만남을 약속드리며 부디 건강하시기를…

발길 따라 세계문화여행

인쇄발행 | 2012년 12월 21일
초판인쇄 | 2012년 12월 31일

지 은 이 | 김재관
펴 낸 이 | 정우화
펴 낸 곳 | 유비컴
편집및디자인 | 김애희
주 소 | 서울특별시 중구 필동2가 10번지
충무빌딩 별관 102호

가격 : 15,000원

[ISBN 978-89-967626-4-5]